隔！才会变大

打造理想户型的8堂课

林宏达　著

江苏凤凰科学技术出版社·南京

江苏省版权局著作权合同登记 图字：10-2023-320

本书通过四川文智立心传媒有限公司代理，经北星图书事业股份有限公司授权，同意由天津凤凰空间文化传媒有限公司在中国大陆地区(香港、澳门及台湾除外)出版中文简体字版本。非经书面同意，不得以任何形式任意重制、转载。

图书在版编目（CIP）数据

隔！才会变大 : 打造理想户型的8堂课 / 林宏达著.
南京 : 江苏凤凰科学技术出版社，2024.7. -- ISBN
978-7-5713-4454-2

Ⅰ. TU767.7

中国国家版本馆CIP数据核字第2024MJ6216号

隔！才会变大 打造理想户型的8堂课

著　　　者	林宏达
项 目 策 划	凤凰空间／陈　景
责 任 编 辑	赵　研　刘屹立
特 约 编 辑	刘禹晨　窦晨菲　李少君

出 版 发 行	江苏凤凰科学技术出版社
出版社地址	南京市湖南路1号A楼，邮编：210009
出版社网址	http：//www.pspress.cn
总 经 销	天津凤凰空间文化传媒有限公司
总经销网址	http：//www.ifengspace.cn
印　　刷	北京博海升彩色印刷有限公司

开　　　本	710 mm×1000 mm　1 / 16
印　　　张	14.5
字　　　数	232 000
版　　　次	2024年7月第1版
印　　　次	2024年7月第1次印刷

标 准 书 号	ISBN　978-7-5713-4454-2
定　　　价	98.00元

图书如有印装质量问题，可随时向销售部调换（电话：022-87893668）。

推荐序

一

非常荣幸能拜读宏达兄大作，个人获益甚多。对一个室内设计的外行人来说，书中处处充满惊喜，这室内设计的8堂课解答了多数人对"家该如何规划设计"的困惑，书中图文并茂、充满巧思的规划设计，为想要装修房子的人提供了很好的参考。

本书没有艰涩高深的理论，而是作者数十年的经验，经过设计、修改数百个案例而提出的8个解决室内设计疑难杂症的方法，就算是室内设计的零经验者，也能轻松入门。对大部分的人来说，一辈子可能很少有机会按照自己的规划或理想去建造或装修房子，所以务必了解什么样的设计才是理想又实用的设计，就算您要委托设计师规划，也应先具备判断室内设计好坏的基本能力。

"隔，空间才会变大！"这样的论述颠覆了传统空间利用的思维，研读后才领悟其真谛与奥妙。房价高涨，能买得起大房子的人不多，在有限的空间通过各种方法与技术达到理想的空间利用效果，这就是优秀的设计。林老师对室内收纳空间、客厅、厨房、卫生间、动线等规划设计构思巧妙，令人赞叹不已！特别是修改原本不理想的设计案例，真可谓"化腐朽为神奇"！

这必修的8堂设计课，打破了许多人对空间想象的误解，改造思维富有哲理又务实，提出"相对论"的概念，如尺有所短、寸有所长，极简和极繁，大而无用不如小而美等；对于总觉得房子空间不够用的家庭，或想提升空间优化能力的设计师，应有所启示。

台湾宜兰大学高级工商管理硕士讲座教授　张智钦

二

我不曾拥有过自己的房子，因此，我从来都没有机会设计自己居住的空间，也不曾涉足室内设计这个领域。当然，活了将近60年，我也住过各式各样的房子，不论久留还是短住，总有些房子住起来舒服些，有些则难以安居，而我总是以传统的思维来理解空间的和谐与否。因此，我一直以为室内设计不过是一种普通的工艺。

然而，最近拜读林宏达先生的《隔！才会变大　打造理想户型的8堂课》，才知道原来室内设计别有洞天。从第1课"隔！才会变大"开始，一直到第8课"绕回起点的动线"，林设计师所要传达的其实不只是室内设计的方法和原则，而是《庄子》中所说的神乎其技的技艺之道。

"隔"是建立格局（架构）的开始，也是室内设计的灵魂。"隔"看似阻断、缩小了空间，但巧妙地"隔"却能创造更多的空间，提供更复杂的功能，创造简洁而流畅的动线，而且，让居住者能更简单、专注地生活。很幸运的，我曾经暂住过林先生所设计的房子，在读过他的大作之后，当时居住的舒适感和美好体验又一一被唤醒。

台湾学术机构研究人士　林富士

三

结识设计师林宏达缘起于高中老师的房子，一幢普通的两层小楼，魔术般地被改造成优雅、巧妙的日式宅院。老师兴奋地给我们一大班学生讲解，而我们知晓改造前后的差异也啧啧称奇。后来我们终于能建造自己的房子，幸运地请到林设计师帮我们从地基开始设计，一直到室内装饰，竣工后的房屋着实让我们风光了好一阵子，之后林设计师在新竹地区也有了更多佳作。

近年来，室内设计渐渐成为普通大众重视的问题，而兼具实用与巧思则被视为美学品位的指标。但是，设计并不局限于图片上的华丽，通过许多真实的案例解说、分析，动线改造前后的对照图，才能识透设计背后的实质意义与诉求。

如果你觉得室内设计很难，你可以通过此书一窥设计的哲学奥妙，更进一步学习其理念、了解其原理，相信一定会让你茅塞顿开、豁然开朗。

如果你是室内设计工作者，你更要详读此书，因为它会转变你现有的框架与观念，不做炫技的雕梁画栋，从而创造出拥有完美空间及自然动线的房子。

每个空间都有生命，如果你在意人间烟火，将"柴米油盐酱醋茶"妥善规划设计，将空间布局成符合主人的个性与品位的样子。那么，让你及家人身心安顿、俯仰自在之处，才算是"完美住宅"。

台湾某科技公司财务管理人员　纪幸娟

四

我年轻的时候很喜欢购买室内设计的书籍杂志，欣赏着那些美美的照片，想象着自己未来的家。长大后，才发现原来美好的照片只是理想状态，现实的房屋在经过琐碎生活的考验后总是逐渐混乱，原本以为可以彰显品位的设计，在实际生活中完全不实用，反而成为增添忙乱的根源。

直到看了这本书，我才明白好的设计应该贴近生活需求。因为空间不是摆设，是实实在在安居的日常，唯有行止坐卧都被考量妥当了，居住其中才会拥有余裕，而余裕才生品位。

这本书颠覆了我对室内设计的想象，也彻底纠正了我的许多观念，相对于一个对室内设计一窍不通的人而言，看完后，我已能清楚分辨设计的好坏。相信我，好好读完本书，能帮你打造出美好安居的住所。这么实用的好书，我真心向大家推荐！

台湾自来水公司第八区管理处副处长　何亮旻

前言

请问：

您现在居住的房子有多少平方米呢？

您满足于现在居住的房子的面积吗？

您希望能再增加一间卫生间吗？

若能再多间书房、储藏室或衣帽间不是更好吗？

厨房可以再大一些吗？

总之，现在或将来的房子若能再大个两三平方米，那就可以大大地点个赞了。

诸如此类，不正是你我每天的期望？有一个众所周知的方法——加盖，

也许是厨房加盖、顶楼加盖，或是阳台外推，等等。

加盖固然能解决一些空间不足的问题。但是，你思考过不敷使用的原因是什么吗？例如：

1.哪些空间没有被充分利用？

2.是什么地方缺少功能？

3.哪里有不当的浪费？

4.动线是否理想？

5.各功能区的位置、大小是否恰当？

6.开门的位置对吗？

……

像这些问题，不先求解，只一味地加盖，也仅是治标不治本，徒然浪费金钱而已。况且以现今的有关规定，加盖的行为已经越来越不被允许了。

把现在居住的内部空间，重新好好地规划一番，就会发现绝大多数的加盖根本不必要。

因此，本书要探讨的就是——

在不加盖的情况下，采用巧妙且简单的隔间法，让既有的空间变大！

现在的房子越来越贵，换言之，能买得起的房子越来越小，而小面积的房子更应该追求室内空间的充分利用，以发挥更大的价值。

本书的每一课均在探讨小面积空间规划的观念与技术，期待能达到小面积大空间的境界。

至于较大面积的房子本书暂时不谈，因为如果有能力处理小面积的空间，那么大面积空间又有何难？

■ 本书的读者对象

如果您是室内设计师，研读本书能大大提升您的设计能力！

如果您只是一位普通业主，最近买了新房子，请先阅读本书，您将可以为自己设计规划出温馨、理想的新家！（尤其是年轻一代）

当然您也可以说："何必这么麻烦？请设计师帮忙搞定即可啊！"

真的可以吗？委托室内设计师虽可落得轻松，但仍需阅读本书，唯有如此，您才有能力判断该设计师的设计是否合理，是否理想、完善。

正如英国生物学家达尔文所言："看出问题，比解决问题还难。"

换句话说，只要能找出问题在哪里，解决问题就变得容易多了。

但是，如何才能看出问题呢？

能看出问题的能力要如何培养呢？

本书的宗旨就是要帮助您早日拥有这样的能力。

每一个空间都可以有很多种不同的设计方案，而不同的设计，自然会得到不同的效果。

只要是"不差"的设计，一般人都会接受。

但是"不差"并不是"很好"或是"极好"。

阅读本书，才有能力分辨"不差"与"极好"。

"刚才的设计方案，真的很理想吗？"

"按照设计师的设计来施工，将来会不会后悔？"

（也许不会后悔，因为有很多人住了一辈子，仍然不知道问题在哪里。）

为了避免这种情况发生，请先具备"判断优劣设计"的能力。这样不论在挑选设计师，还是之后聆听方案解说时，都能获得参与设计的乐趣与成就感。

■ 与众不同的设计书

本书与其他的设计类图书有很大的不同。

市面上大多数设计书，内有大量的彩色室内设计成果照片，阅读者观赏这些照片，也许感到赏心悦目，却无法理解要完成这样的装修，其设计的思考方式是怎样的。

一般人也很难照搬书中图片所示的装修样式到自家的设计中。因为每个人家里的空间大小不同、条件不一，很难依样画葫芦地套用。所以绝对不是看看优秀设计的照片，就能解决您家的实际问题。如果您只是想轻松地翻看彩色图片，奉劝您不要买本书。

本书是教您"钓鱼"的技巧，而不是只看着别人钓上来的"彩色鱼"。

■ 架构、架构、架构

想要解决室内设计问题或想要拥有良好的居住空间，一定是先经由完美的平面布局规划，才有可能达成。

也就是先要有一个完美的架构！

架构就是格局，格局不好再怎么"雕梁画栋"亦是枉然，无论是欧美风、中式风还是日式风，只要是格局错误，再怎么变换风格，居住其内仍是痛苦！

因此，本书将出现非常多的平面示意图，全部以图片形式解说各种空间的规划及空间与空间的整合或拆解，并指出各种空间、格局不当或不理想之处，一步一步系统地提出解决的观念与方法，这些方法绝不是针对某个案例，而是放诸四海皆准且极为简单、实用的方法。

■ 简约、不简单

近几年，很流行简约风或极简风，室内设计也是如此。

但是，何谓简约或极简？

很多人都把简约或极简与尽量少做或不做任何装饰画上等号，以为保留了住宅的原始结构或大量的留白，仅仅摆上沙发等家具，顶多摆盆花、挂幅画就是极简。

如果只是短期租住勉强可以这么做，但若是长期居住在这种所谓的简约或极简的屋内，不用多久您将会发现：看似很有个性、很有风格、很时尚的住宅，却经常有收纳空间极度缺乏的烦恼与痛苦。

于是就陆陆续续地买了些储物柜摆放，以应收纳之需。过不了多久，这个家就称不上极简风了，因为这些储物柜或收纳柜造型各异，且有大有小、高低不一，更可能五颜六色，这样的组合与摆设，哪里称得上简约呢？

简直是复杂、混乱！

极简的住宅，最终极可能沦落到"极繁"的境地！

这是对"极简"错误的认知所致。

经由缜密的思考、测量计算，以复杂且精准的设计过程，达到方便、实用、安全、美观、简洁有序的境界，才是极简或简约的真谛。

意大利艺术家达·芬奇就曾说过："简单是终极的复杂。"

简约也常意味着简单的设计。

很多人会把"简单的设计"与"设计得很简单"混淆，其实两者截然不同。

很多业主在委托设计时常说："请做简单的设计就好，不用太复杂。"

也许业主以为简单的设计较省费用吧！

一个好的设计，绝对不是"简单的设计"，而是要"设计得很简单"。但是要设计得很简单，其实很难。

也就是说：一个好的设计，在设计及工程施工上是非常精密且复杂的，但当全部完工后，却能呈现出非常简单的空间配置，感觉好像没做什么设计，实际上却富含了极强的生活功能与视觉效果，这才是真正理想的家！

为此，本书不会教各位"简单的设计"，但会把设计教得"很简单"，以达到"设计得很简单"的境界。

阅读过程中，也许有点复杂与难度。但只要你按部就班、仔细阅读，很容易就会明白：

啊！原来室内设计竟是如此简单！

请记住：

唯有好的规划，才有好的格局，有好的格局，才会有好的居住空间。

而好的居住空间，对居住者的身心健康、性格、气质等均会有极大的正面影响！

最后，认真读完本书后，建议您重读一遍，而在第二次阅读本书时，若发现对于书中的案例可以提出更好的解决方法，那么我要恭喜您：

您已经是一位合格的设计师了！

林宏达

目 录

第1课
隔！才会变大

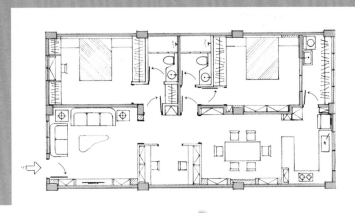

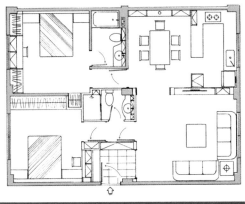

是的，您没有看错，"隔！才会变大！"

绝大多数的人无法认同或理解这句话，因为这样的观念和以往大家的认知完全相反，尤其是较小面积的空间，一般人都认为不应该有太多隔间。

问题是：大家都认为对的，就一定是对的吗？本课一开始，要先进行观念的颠覆。在16世纪初麦哲伦率领的船队完成环绕地球航行之前，没有人相信地球是圆的。时代在进步，过去的经验或认知有很多已被发觉是错误的，请以这样的思维重新面对问题吧！

不做隔间的目的是希望让空间看起来比较大，真的是如此吗？答案是：不做隔间将只是一览无余的空间而已，面积不会因此变多，空间也不会因此变大！

您的卧房总要做隔间吧？卫生间就更不用多说了！真正能不隔的大概就只剩客厅、餐厅及厨房了，对小面积的空间而言，这三者若不做隔间，非但不会因此感觉到宽敞，反而会因为面积小却又得塞入沙发组、餐桌椅、操作台、储物柜等家具而显得拥挤与杂乱（图1-1）。

图1-1

那么，面积大的户型就可以不做隔间吗？

错！

既然有这么大的空间，不是更应该隔出独立的玄关、大客厅、大餐厅，甚至早餐或下午茶专用区、起居室、书房等区域吗？那才称得上大房子啊！

如果您无缘得以进入参观，去看电影吧！电影里有很多华丽的室内场景，您会看到每一区域各自分隔，各有功能，而这些功能区又可相互串联，绝不会在同一区内把多种功能混在一起。这样的思考模式也可以运用在小面积住宅，可惜的是大多数的人，包括很多室内设计师，对于小户型房子，都不敢做隔间也不知如何做隔间。因此，我们经常可以看到很多人家一进大门，眼前所见的就是客厅、餐厅，接着是厨房，空间一览无余，没有任何隔间（图1-2）。

图1-2

这样的空间，好比是生活在一个小仓库里，毫无私密性，也欠缺功能及魅力，更无空间感可言。

何谓"空间感"？空间感来自期待感。

期待感是什么？期待感就是尚未发现但隐约可以感受或激发想象，并且可从搜寻或探索中找到答案及乐趣。

由于隔间的关系，虽然有些部分阻断了视觉的延续，却也因为看不到而萌生期待感，一旦有了期待感，真正的空间感才会产生。

另外，隔间的好处还有：

1. 可以增加壁面，创造出往上发展的空间。

2. 可以切实规范各功能区。

3. 可以解决很多凸出物。

4. 可以创造出更多收纳空间。

唯有"隔"才会使空间变大！

关键在于如何规划隔间，而不是要不要隔。

■ 为什么"隔！才会变大"？

我们举一个常见的例子。

图1-3是一个室内面积为76 m²、阳台面积为4.29 m²的公寓，除了两间卫生间及一间主卧房之外，完全没有任何隔间。

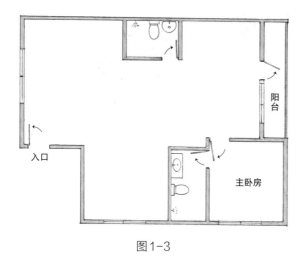

如此空洞的房子需要增加隔间。

图1-3

因为居住的成员有一对夫妻及两个小孩，看来再怎样不想做隔间，至少也该再隔出一间儿童房吧？好，现在就先把儿童房隔出来（图1-4）。

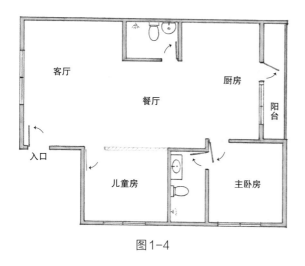

图1-4

1. 绝大多数的人都会规划成如图1-4所示的客厅、餐厅及厨房三区域。

2. 儿童房也会延伸既有的格局，制作一道隔间墙（无论是木制还是砌砖）。

但这不是我要说的重点。

接下来才是为什么"隔！才会变大"的道理。

现在，以客厅为例，人们习惯将沙发靠墙摆放（事实上对本例中面积不算大的客厅而言，沙发也只能靠墙了），靠墙摆放的情景就如图1-5所示。

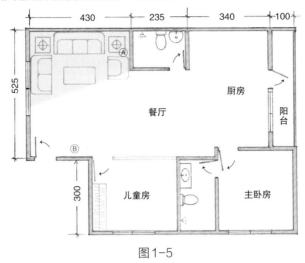

图1-5

这样摆放有什么问题呢？

1. Ⓐ墙面太短，单人座沙发无法稳定靠墙，沙发有一半凸出于墙外，让坐此沙发者没有安全感。

2. Ⓑ墙面太短，无法安装壁挂电视机。

3. 若将儿童房的房间门改设于靠近主卧房的卫生间旁，虽然能增加电视墙宽度，但仍然有一个严重的问题，那就是电视机距离三人座沙发太远，看电视很吃力。

4. 没有什么收纳功能。

5. 入口没有玄关、鞋柜之类的设施。

6. 空旷的客厅，实际使用的面积却只有如图1-5中 蓝色区块 所标示的范围，剩下一半以上的空间只是作为通道之用，不觉得可惜吗？

针对第二项所述"Ⓑ墙面太短，无法安装壁挂电视机"这一点，您也许会考虑将沙发组倒过来摆放，如图1-6所示。

图1-6

注：本书手绘图中的尺寸，除注明外，单位均为厘米。

现在看起来感觉没有那么浪费空间了，可是这只不过是把空间填满而已。把空间填满虽然没什么不好，但是基本上，这个客厅仍只是电视柜、沙发组及通道三个元素而已。这种布局使沙发组背对着入口大门，相对于原先"顺势迎客"的沙发摆设方式，背对入口有着一种"背离"之感以及不安定感，而且迎客动线也有点奇怪（图1-6中蓝色箭头），显然这种设计并无高明之处。

再换个摆法，把沙发组换个方向（图1-7），则动线似有改善，但是：

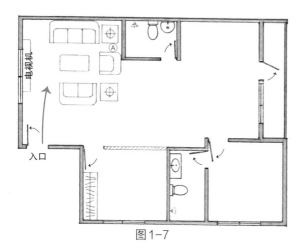

1. 电视机只能摆在窗前，看电视会有逆光的问题。

2. 两人座沙发背对大门的问题依然存在。

3. 仍旧是"想办法把空间填满"这种徒劳无功的思考方式。

图1-7

在这个案例中，其实只要做一点点隔间，客厅的空间马上就会变大，如图1-8所示，将Ⓐ墙延长一些（黄色墙体）。

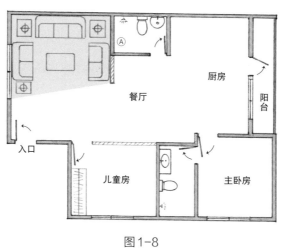

图1-8

原本只能摆放单人座、两人座、三人座沙发的空间，立刻变成可以容纳2个两人座和1个三人座沙发的较大空间。

而更重要的是右侧的两人座沙发因为有墙可以依靠，让坐此沙发者获得安全、稳定的感觉。不做这道隔墙的话，沙发是凸出来的，而有了这道隔间墙就会对客厅有所界定，且增大其范围，增强稳定感。

为什么隔了墙，空间反而会变大呢？

每一个人都应该见过篮球场，您知道标准的篮球场有多大吗（图1-9）？

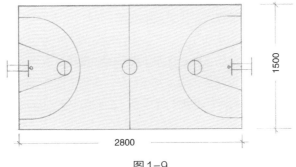

1500

2800

图1-9

在我住所附近有一个室内篮球场，没有篮球赛的日子，常会出租给一些厂商，用于商展活动。

早期，厂商们各自在划定的摊位范围内将商品摆在地上或顶多摆张桌子就开始卖东西了。但是渐渐的，大家都发现分配到的摊位面积，光靠地面能摆放的商品数量实在有限（图1-10）。

图1-10　无空间感

于是开始在自己的摊位组装比人高的背板及左右两侧的隔间板（图1-11）。

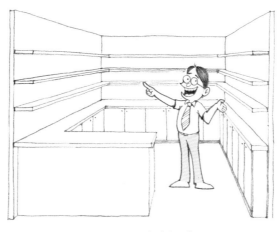

图1-11　有空间感

现在我们可以很明显地看出，同样3 m×3 m的面积，因为有了隔间而产生了全然不一样的效果：

1. 有隔间就会有壁面，有壁面就有往上发展的空间。

2. 就本例而言，有效利用空间增加了。

3. 隔间产生了包覆的作用，让访客能专注于本展示间的展品，不会受到隔壁摊位的干扰。

4. 收纳空间增加的同时，摊位整洁美观、井然有序，有利于提升销售业绩。

这只是一个摊位而已，如果每家厂商都如此规划，空间单一的篮球场，也将会变成如图1-12的场景。

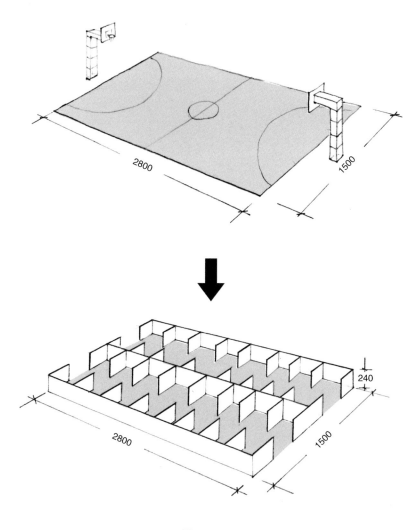

图1-12

以平面图表示则为图1-13。

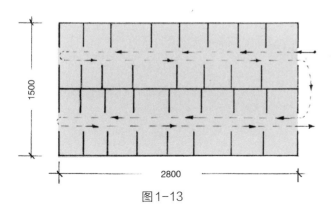

图1-13

1. 面积的利用已经非常高效，这就是利用隔间创造空间。

2. 有效参访动线（路径）总长有2800 cm × 4=11 200 cm，扩大了篮球场的效果。

3. 因为有隔间而产生了很多的空间期待感。

4. 因为有隔间，摊位与摊位互不干扰。

展览期间在会场走一趟必能体会。

这就是"隔！才会变大"的道理。

但是，我们并不是要把住宅都隔成像展示会场一样，那只是在说明"为什么要隔"的概念。

现在，再回到前面的客厅（图1-14）。

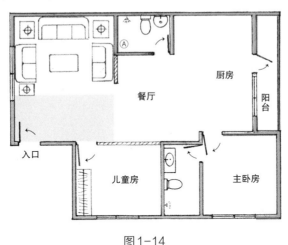

图1-14

虽然隔了一小道墙已经可以摆上两人座、三人座、两人座沙发组，让客厅的有效利用范围变大了，但是电视机摆放的问题以及剩下的蓝色区块，仍处于不知如何是好的状况。这个大而无当的蓝色区应该善加利用，以创造最大的空间效益。

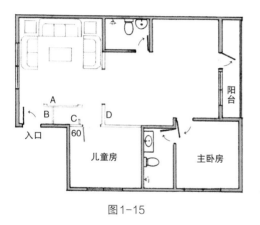

图1-15

采用前述篮球场摊位的"隔间创造空间"的概念，以木作的方式，制作如图1-15所示的A、B、C、D 4个隔间（儿童房的门也稍向右移60 cm）。

可以发现，我们利用这些隔间创造出（图1-16）：

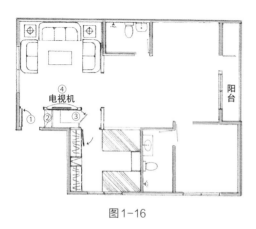

图1-16

①玄关区。

②鞋柜。

③进入儿童房前的储藏室。

④电视墙变大了，电视机可以四平八稳地安装在较大墙面上；电视机距离沙发组较近了些，也方便观看电视。

⑤由于儿童房的门右移了60 cm，使得衣柜的容量也变大了，原本衣柜的凸出尖角[1]也不见了。

⑥客厅大而无当的区域减少了一半，空间比例更为适当。

"隔"的目的就是解决闲置空间并有效利用。

请比较"有隔"的图1-16与"无隔"的图1-17，其客厅及儿童房衣柜的差异。

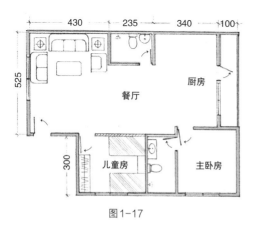

图1-17

本例谈到这里要暂停一下，虽然我们还有餐厅、厨房、主卧房等空间尚待解决，但这些我想留待下面几课再继续讨论。

1　有关凸出物的问题将于第2课详细解说。

再举一例，您买了一间室内面积为82 m^{2}的两室一厅的房子，附有两间卫生间与一组操作台，如图1-18所示。

图1- 18

这是非常典型且常见的隔间法，除了卫生间、卧房必须做隔间外，客餐厅、厨房则是三合一的开放空间，开发商没有做这三者的隔间，其原因有二：

1. 增加隔间会增加工程费用。

2. 不做隔间让房子看起来比较宽敞，房子比较容易售出。

至于家具是否摆得下或会不会剩下太多闲置空间，开发商把问题留给了业主。

如果砌一道墙把厨房隔开，使其成为独立的区域，如图1-19所示。

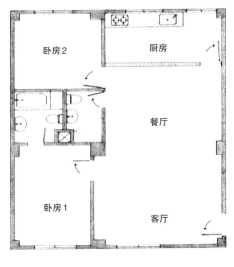

图1-19

现在开放空间只剩客厅及餐厅，空间当然变小了！

这就是为什么大多数的人不敢或不愿多做隔间的道理。

但是这样的观点是不对的！图中所砌的这一道墙的位置、大小、形式、开口都有极大的错误，才导致空间有变小的感觉。

现在我们试着不做任何隔间，仅把家具摆上去，因为空间有富余，所以不免俗也做了一个中岛型操作台（现在很多人喜欢设置中岛），如图1-20所示。

图1-20

看起来好像没什么问题，其实不然！

1. 打开大门，会依次看到客厅的沙发、电视柜和电视机、餐桌椅、厨房的操作台及靠墙的冰箱、储物柜等。看似宽敞，其实只是凸显其大而无用（实际上也不怎么大）与凌乱而已。

2. 因为客厅、餐厅之间并没有隔间，仅以矮柜区分，所以由餐厅往客厅看时，将会看到电视机的背面，黑黑一大片及杂乱的电线。

3. 由于没有隔间，所以除了煮饭做菜、吃饭及坐在沙发看电视之外，没有其他任何生活情趣。

4. 入口大门处没有玄关，这也会造成4个问题：

（1）没有隐秘性。进门直接就看到厨房，一览无余，毫无期待感。

（2）鞋柜摆放处不理想，使用不方便。

（3）如果是脱鞋入内的情况，则鞋子大概就会放置于门外，这不但有碍美观，而且占用公共空间。若是脱放于大门内，也无法收纳散落的鞋子。

（4）单人座沙发背对大门，坐此位置者会有一种不安定感。

5. 由于没有隔间，所有的鞋柜、储物柜、电器柜、冰箱都会变成凸出物，所以经常会有撞到柜角的意外发生。如果柜子是买现成的来摆放，则常会因无法完全贴壁使得柜背与墙之间产生缝隙，容易藏污纳垢，难以清扫。

6. 餐厅的旁边就是卫生间，卫生感觉实属不佳。

7. 虽然说不想隔，但仍会以电视柜将客厅、餐厅作区隔，其实这就是一种"隔"，但是这种方式的"隔"不仅会造成凸出物，且上方除了摆放电视机或一两样装饰品，无法有效利用上方的空间。

8. 人们都习惯将储物柜靠墙摆放，可见有墙面可以依靠是多么重要啊！（请回顾第17页图1-11）。本例因为没有隔间，所以可以依靠的墙面只有大门右侧那一道墙而已，这种情况下可作为收纳的空间将极为有限。

以上很轻易地就能找出一大堆的问题，而这就是没有隔间造成的结果。

对于小面积的空间，需要充分利用每一个地方，唯有多做适当的隔间，才有可能让82 m²的房子显得更大。

在这里，要再重复一次：

隔！才会变大！

关键在如何隔，而不是要不要隔。

那么，又该如何设计这间房子呢？如何隔间才是理想的呢？先列出您希望有哪些功能（客厅、餐厅、厨房、两卧、两卫之外）。

例如：

1. 玄关——含鞋柜、穿鞋矮柜。

2. 餐具柜——含咖啡杯盘及摆饰的收纳柜。

3. 电视墙——含影音器材的收纳柜。

4. 可以有一间书房吗？——含书桌、书柜。

5. 希望有一间茶水间——方便提供茶水至客厅。

6. 洗衣间——兼晾衣房。

7. 厨房要有早餐台、电器柜。

8. 希望卫生间门不要正对着餐厅。

9. 浴室可以改成干湿分离吗？

……

等一下！82 m²的房子会不会要求太多了？

如果您不再要求摆一台平台式钢琴，原则上是可以做到的。

现在，我们就按照这些需求来规划这间房子吧！一开始，我们得先处理大型家具，例如沙发组、餐桌等。摆放一组沙发究竟需要多大的空间？

一般而言，沙发的尺寸大约如图1-21所示。

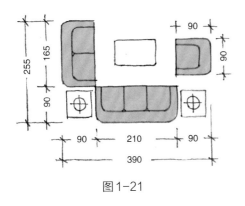

所以总共需要255 cm×390 cm的面积。

图1-21

本例由于面积不大、空间有限，在沙发组的摆放上，可以把沙发互相靠拢些，如图1-22所示。

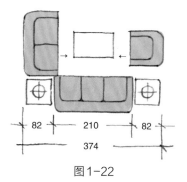

82　　210　　82

374

图1-22

使其空间由390 cm缩减成374 cm，省下了16 cm挪给玄关用，对客厅而言并不会有显著变小的感觉，但较小空间的玄关从146 cm（536 cm-390 cm）变成162 cm（536 cm-374 cm），则顿时变得更宽敞。

对于要在玄关处设计制作鞋柜有极大帮助。

现在，要开始做隔间的规划了！

首先把沙发摆上去，本例的客厅宽度为536 cm，减掉沙发的宽度374 cm后剩162 cm，即为图1-23所示 蓝色区块 。

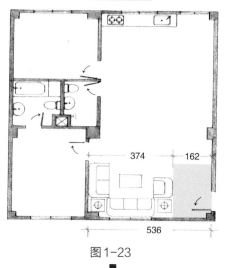

374　　162

536

图1-23

这个蓝色区块的空间，要预留为开门及人员通行之用，不得摆放任何东西，是属于闲置空间。

与其闲置不如拿来营造一个正式的玄关（图1-24）。

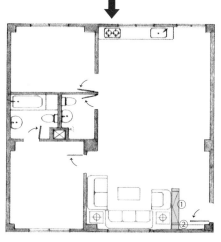

图1-24

①在单人座沙发的背面做一个鞋柜。

②进门左侧做一个穿鞋矮柜。在这里要特别注意的是标号为①的鞋柜（蓝色区块）绝对不是单纯的中高柜（约到常人腰部高度的柜子）而已，而是要以木制隔间墙从地面一直到天花板形成封闭的隔间，如下页透视图（图1-25）。从大门走进来，不会直接看到客厅的沙发，有隐秘性也有期待感，而且单人座沙发的背面也有倚靠与安全感。

其完成后的透视图如下：

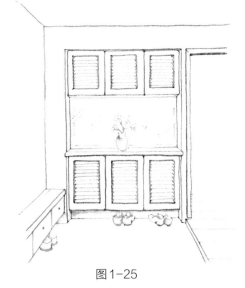

图1-25

设计小贴士

🏠 **设计小贴士**

1. 鞋柜可分成上柜及下柜，中间就会产生一个平台，可放置装饰品或是盆景等，而凹陷处也可加装镜子，使玄关空间有加倍放大的感觉。
2. 将鞋柜以及穿鞋矮柜稍微升离地面18~20 cm，则下方可放置暂时脱下的鞋子，而不会占用到玄关的地面空间。

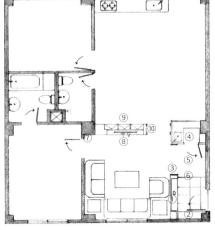

图1-26

注意（图1-26）：

当①的鞋柜完成后，会产生柜子的凸出物，这样是不好的，为了要解决这个凸出物必须做一个门框③，接着就可隔出一间小茶水间④及进入客厅前的转折区⑤。

在茶水间里设有操作台、水槽及吊柜，同时把柱子隐藏起来，如果您不需要茶水间，也可以把它改为衣帽间之类。

⑥则是转折区与玄关之间的界线，可以有6~10 cm的落差，主要目的是整理脱下的鞋子，使其不会跑进客厅，同时也作为阻挡尘土之用。

接着延伸房子中央一根大柱子⑦设计出电视墙⑧，同时在电视墙的背面，背靠背地安排一个储物上下柜⑨，是提供给餐厅使用的餐具柜，但是⑧和⑨的柜子也会造成凸出物，因此必须做一个门框⑩才能消除这个凸出物，如图1-27透视图所示：

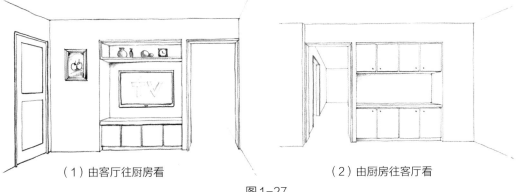

（1）由客厅往厨房看　　　　（2）由厨房往客厅看

图1-27

到这里暂停一下，我们先来处理两间卧房。这两间卧房的格局，原则上没什么大问题，只是卧房空间算不上宽敞，无法规划步入式衣帽间，仅能安排传统的一字形衣柜，若加上床及床头柜，大约只能如图1-28所示。

另外，卧房1的浴室也顺便做了一些调整。

①原洗脸盆改为台面式，下嵌双脸盆及台下柜。

②坐便器移位。

③浴缸移位并加装淋浴拉门。

④沿着管道间做一小隔墙，使浴缸以及淋浴拉门有所收尾，更可放置盥洗用品以及换洗衣物。

⑤加一片与衣柜同式同色的门板，使其成为进入浴室的外门，而衣柜的外观也较有放大感与一致性。

⑥打开门⑤，左边又可以有一个收纳柜。

至于另一间卫生间则牵涉到餐厅，而餐厅又与厨房有密切关系，稍后一并讨论。

图1-28

现在我们还有餐厅、厨房、书房、洗衣间等尚未处理，而所剩的空间已经不多，所以接下来应是最难但也是最精彩的部分了！

按照前面所言先解决大型家具的原则，书房与洗衣间可大可小，所以暂时不理会，先来探讨一下餐厅与厨房至少需要多大的空间？

餐厅

餐厅所需的空间取决于餐桌的大小，餐桌越大所需空间就越大，反之则越小。

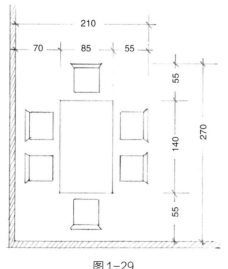

就本例而言，82 m² 的公寓实在不需也不可能摆放过大餐桌（例如八人座或十人座之类），因此宽85~90 cm、长140~150 cm的六人座餐桌较为恰当（图1-29）。因为餐桌不大，相应的餐椅也以挑选较为简单利落的为宜，摆上6张餐椅后，所需空间的面积为210 cm×270 cm，这是最少所需的空间，如果房子更大，餐厅当然也可跟着放宽。

图1-29

厨房

厨房内最占面积的就属操作台了。

操作台的长度受限于空间的大小会有所不同，但其深度大约都为60 cm，对于空间不大的房子，也不一定非得60 cm不可，只要不少于55 cm都是足够的。至于使用者所需的活动及操作空间则以至少有90 cm宽为宜（图1-30）。

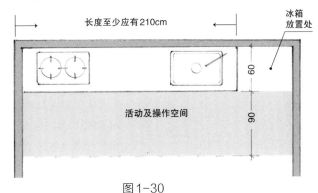

图1-30

如果要增设早餐台或中岛则如图1-31所示。

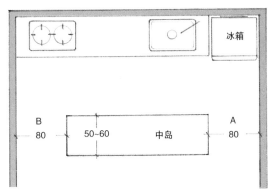

图1-31

采用图1-31的中岛设计，有一个缺点，就是会产生A、B两个出入通道，对小面积的房子而言实属多余，更是一种空间浪费！

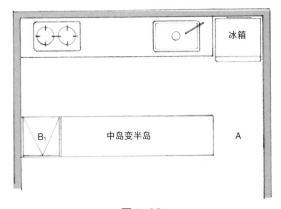

图1-32

所以应采用图1-32的设计为佳！将中岛改为半岛，节省B的空间改为电饭锅、烤箱之类的电器收纳柜B₁不是更好吗？

虽然从中岛变成半岛能获得些好处，但总觉得厨房还是不够便利，如果我们把厨房改为如图1-33所示呢？

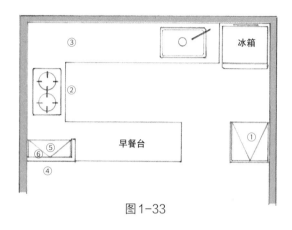

①将电器柜调至右边原A的通道处，而让原A通道左移些，则电器柜内的电饭锅距离餐厅就会更近，缩减盛饭的距离。

②把操作台改成L形并与早餐台连接成U形。

③操作台变长，更方便操作。

④早餐台其实不必那么长，缩短些仍不减其功能，所以在⑥处做一点小隔间，可区分早餐台与操作台的范围，也可以更加隔绝油烟跑至餐厅。

⑤由于这个小隔间，所产生的空间就可以制作一个调味品架及锅盖放置处。

图1-33

一样的厨房空间，只因不一样的格局，营造出来的功能、方便性就截然不同。

现在，可以把上述的构思，放到本案例中了。

如图1-34所示。

①小隔间及调味品架。

②早餐台可以做成功能更强的上下层式吧台柜。

③收纳电饭锅、烤箱等的电器柜。

④冰箱放置处。

⑤木制隔间墙加上一扇拉门，可以划分出洗衣、晒衣间。

图1-34

由餐厅往厨房看，如图1-35所示。

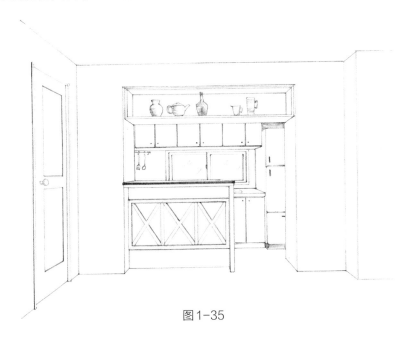

图1-35

接下来，我们会发现剩下的空间只作为餐厅实在太大了，所谓太大是指相对于其他空间的比例而言，如果卧房、厨房、客厅等空间不是那么宽敞，则过大的餐厅是不恰当的，因此应该挪一些空间做其他用途。

如图1-36所示，如果我们挪部分的空间作为书房，则餐厅的空间仍有330 cm宽，对应图1-29所解析的餐厅所需宽度210 cm仍属宽裕。

图1-36

①将洗衣间的隔间墙延伸。

②将茶水间的隔间墙也延伸。

③两面墙延伸后隔出书房，可以摆放两张书桌，且其上方各有书柜，这样餐厅变得比例恰当，无论餐桌横放或竖放都没问题。

最后就剩餐桌的摆放与正对着餐厅的卫生间了，先谈餐桌的摆设：

虽然说空间足够大，餐桌无论横摆或竖放都可以摆得下，但以图1-37为例的横摆方式则会有些问题。

图1-37

1. 从客厅到厨房的动线常受阻于餐椅①。

2. 餐椅与吧台之间的闲置空间②似乎过大了些。

3. 这种摆设方式，对于要解决卫生间门③的问题将较为困难。

因此本案例的餐桌椅应朝竖放的方式去思考。

接着谈卫生间：

所有的公寓或住宅大楼都会有集中排水管、排风管、排污管等管道间，为了要共用管道间，每户人家的卫生间都会尽量紧邻而设，本例也不例外，是属于两间卫生间靠在一起的设计（其目的是能缩短管道的长度及防水措施集中，施工较容易）。

公用卫生间正对着餐桌，在用餐时，即使没有人进出使用卫生间，仍会感觉很不卫生。

这间卫生间受限于管道间的位置，当然不宜把整个卫生间移至别处（事实上也没有其他地方可以移放）。

但是，如果我们把它改个方向，让卫生间的门不要正对着餐桌呢？

这不但能解决不洁气流直冲餐桌，影响用餐气氛，而且可能还有其他好处！

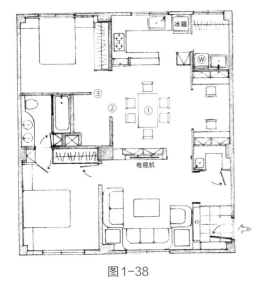

图1-38

现在我们把餐桌椅竖向摆放，如图1-38①图所示。

再把原卫生间门及卧房门拆掉，同时把隔间墙②、③拆除一小部分。

然后浴室内原坐便器、洗脸盆等全部拆除，以便重新设计成干湿分离的卫生间。

在继续之前，要先谈一个观念：

很多人都希望公用卫生间可以两用，也就是说既可公用，也可私自独用，有一个众所周知的方法，就是在卧房与卫生间的隔间墙上开一个门洞，加装一个门，以本例而言，则如图1-39所示。

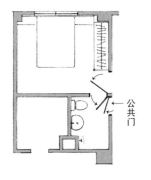

图1-39

这样就能直接由卧房进入浴室，而成为专属的卫生间。

虽然能达到公私两用，但以本例而言，由于卧房门正好卡在浴室门外，所以每次要进入浴室时必须先将卧房门关上，才有可能操作浴室门，其实也是有点不便。

除非把卧房门的开门方向改变成如图1-40所示。

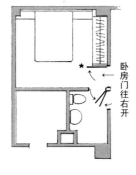

图1-40

如此两门就不会互卡。虽然很好，可是当卧房门呈开着的状态时卧房门却超过衣柜而凸出成为障碍物。如图1-40中★处。

即便你不在乎这个凸出物，这样的设计仍然存在3个问题：

1. 无论谁使用这间浴室都得注意两扇浴室门是否上锁，否则很容易造成不便。

2. 使用后也要记得两扇门都得解锁，不然会造成某一边无法进入的困扰。

3. 两扇浴室门因为太过于靠近，经常有互撞的情况发生。

如果不看刚才的解说，很多人仍觉得开两个门是一个"不差"的设计，也接受了它，但在前言中曾提到"不差"并不是"很好"。唯有提升判断能力，才能知道那是不理想的设计。

现在且看另一种思考方式吧！如图1-41所示。

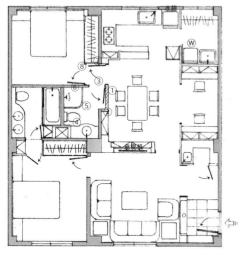

图1-41

1. 为了进出公用卫生间更加方便，将卫生间原隔间墙往餐厅方向右移25 cm，即①。此举虽使餐厅变小了些，但仍不影响餐厅应有的面积，这样做的目的是把卧房门⑦也跟着移出来些，则卧房门打开后就不会再超出衣柜。

2. 会形成一个凹处可做餐厅用的收纳柜②。

3. 加装浴室门于③处。

4. 制作一个台面式洗脸台④。

5. 坐便器安装于⑤处。

6. 干湿分离的浴室⑥。

7. 加装第二道卧房门⑧。

这种设计的好处是：

1. 餐厅又多了一个收纳柜。

2. 原洗脸盆改成台面式，既美观、好用，又安全。

3. 当卧房的主人把卧房门⑦关上后（图1-42），卫生间就成为他的专属浴室，同时，用餐者只会感觉是在卧房旁边用餐，不会有不愉快感。对于平常家中没有访客的日子，这个卧房简直就是一间套房。

4. 如果把第二道卧房门⑧关上（图1-43）则又恢复到单纯的卧房与独立的公用卫生间，两者互不干扰、岂不美哉！即便卫生间门没关，从餐厅也看不到坐便器。

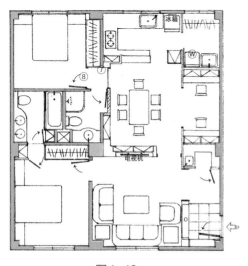

图1-42

图1-43

最后，我们回顾一下：从买来的82 m²空房子至完成设计，这其中隔与没隔的差异为何这么大（图1-44~图1-46）？

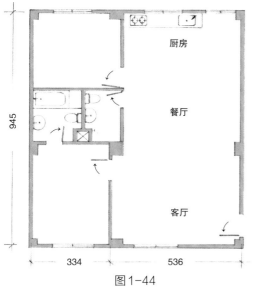

图1-44

1. 除了前几页已经叙述的缺点外，有很多柱子没有处理，形成凸出物。
2. 客厅、餐厅看起来比较大，但实际上使用面积与图1-45几乎一样。
3. 储物柜①、②、③占据了一整面墙，而这三个储物柜全部都是凸出物。
4. 没有洗衣间、书房、茶水间及玄关。

图1-45　有做隔间

图1-46　不做隔间

1. 因为从柱子Ⓐ延伸制作了电视墙，所以看不到凸出的柱子。
2. 客厅多了玄关与茶水间，餐厅则多了两个收纳柜。
3. 壁面增加，如ⒶⒷⒸⒹⒺⒻⒼ可悬挂挂画或饰品。
4. 多出洗衣间及书房，且从书房往餐厅看均不减其空间的延续性及宽敞感。
5. 客厅左边主卧房的浴室，不但有储物柜，又是双水槽洗脸台面，配上梳洗镜，就像把浴室空间放大了一倍。

乍看之下，本设计图密密麻麻的好像很复杂，但你若仔细观察就会发现：每一个空间都非常方正，毫无凸出物，各空间的比例也非常恰当，虽做了很多的隔间，仍保有极佳的视觉穿透，当然也因为做了很多的隔间，才会有那么多的功能，看似复杂却呈现简单方正的格局。

隔！才会变大！

并不是说82 m^{2}会平白地变成100 m^2。

而是由于恰当的隔间创造出空间充分利用、功能大幅增加的效果，而让我们感觉空间变大、面积变多了。

从这个案例，我们可以清楚地知道：因为正确的隔间，即使是82 m^{2}的空间，仍然可以做到麻雀虽小，五脏俱全的境界。

这就是为什么要把"隔！才会变大"列为本书第1课的原因。

摆脱了因住宅面积不大而不做隔间的错误思维后，接下来的每一课除了会大量运用此观念之外，还有更多的新观念等着你，你准备好了吗？

第 2 课
解决凸出物

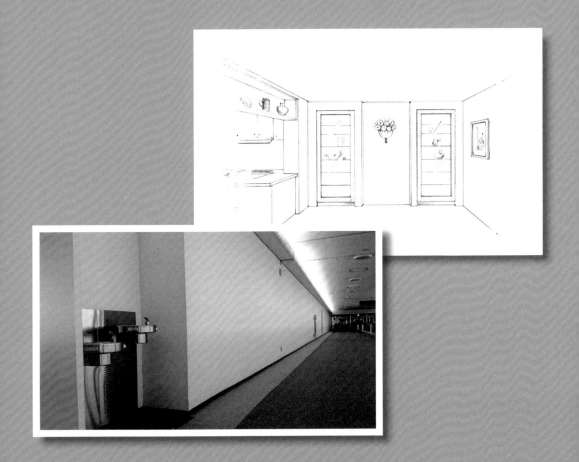

任何影响空间方正感或阻碍动线流畅的物体，均属于屋内的凸出物！

■ 何谓凸出物？

在一个方正的空间里，只要摆上任何家具立刻就会变成凸出物。

凸出物有什么问题？

1. 凸出物会让原本方正的空间感变得不方正，产生杂乱感。

2. 从它们的旁边经过时常有碰撞其尖角的可能，具有危险性。

3. 阻碍动线的流畅。

4. 造成空间的分散。

例如图2-1原本是一间方正的卧房，摆上衣柜、收纳柜及床组后，形成凹凹凸凸不方正的空间（图2-2蓝色区），而且会产生7个凸出尖角，但②③因为是由柔软又低矮的床垫形成，原则上我们可以容忍，其余①④（床头柜）、⑤⑥（收纳柜）及⑦（衣柜）都会形成尖锐凸角。

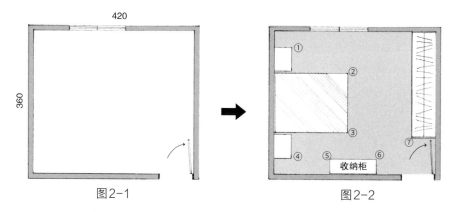

图2-1　　　　　　　　　　　　图2-2

没有人会喜欢尖锐的凸角，所以我们会去购买或制作圆角的家具，例如图2-3的电视矮柜。

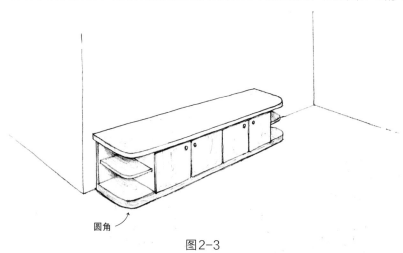

图2-3

摆上这种家具，即使撞到也不至于那么痛。但这不叫解决凸出物，因为这个凸出现象仍然存在。

本堂课要谈的就是让这些收纳柜或梁柱永不再突兀地"跑"出来。

☆能够解决凸出物，就能使空间变大！

☆能够解决凸出物，就是最好的设计！

■ 解决凸出物方法一：放大

以第36页为例，可以针对大型凸出物衣柜，采取放大的方法。

"衣柜不是很大了吗？为何还要再放大呢？那不是更凸出吗？"没错！问得好！但阅读本书，请习惯常会有一些反常识的思考方式出现喔！

由测量得知：卧房内部扣除衣柜之后，空间数据如图2-4所示。

图2-4

先解决大家具——床组。

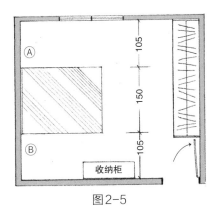

图2-5

摆上一张150 cm宽的床后，如图2-5所示，床头左右 Ⓐ Ⓑ 两处各有105 cm，当然就要把原本的床头柜放大，也就是床头柜应全部占满床头两侧空间，只要高度不超过床垫高，就可以完全消除凸出物，如图2-6所示（第38页）。

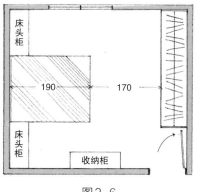

图2-6

现在量一下床尾至衣柜的距离，竟然有170 cm。这么大的闲置空间如果不加以利用，就是一种浪费。

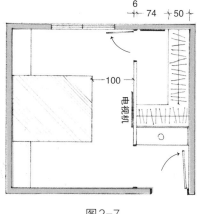

图2-7

空间既然够大，是否可以考虑隔成一间步入式衣帽间呢？如图2-7所示。

虽然衣帽间比原一字形衣柜较占空间，但以本例的空间而言，完成后的衣帽间距离床尾仍有100 cm，足够通行。

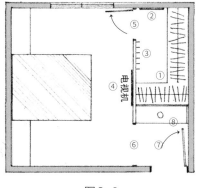

图2-8

隔成步入式衣帽间后如图2-8所示。

①有了衣帽间，增加了吊衣杆的长度，可容纳更多的衣物。

②可加装穿衣镜，方便更衣整理容貌。

③因为有隔间，产生了壁面，可设置挂衣钩，方便临时吊挂脱下的衣物。

④隔间墙的另一面可悬挂电视机或挂画。

⑤衣帽间只需再做一扇门，相较于一字形衣柜须做6片门，大大节省费用。

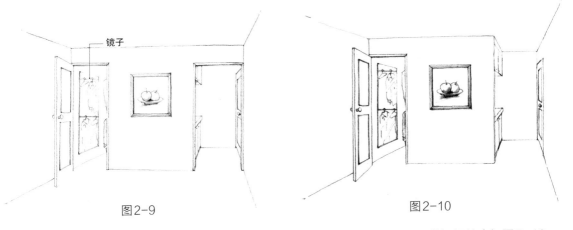

图2-9　　　　　　　　　　　　　　　图2-10

⑥再加装一个门框，以消除凸出物的问题，如图2-9的透视图，如果不做门框就会如图2-10呈现出一个大型凸出物。

⑦因为隔间产生了一个玄关，让卧房更具私密性。

⑧稍微牺牲一点衣帽间的空间，营造出凹陷区，正好可以嵌入图2-2的收纳柜，解决了收纳柜的凸出物问题，同时该收纳柜的上方更可以加做一个收纳吊柜。

■ 解决凸出物方法二：改变动线

前面的例子是因为卧房空间够大，能够设计出衣帽间，但如果空间不够，如图2-11所示。

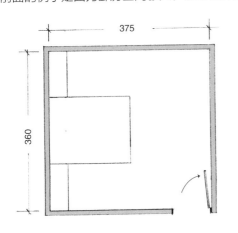
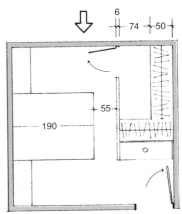

图2-11　强行打造衣帽间

增加衣帽间后我们就会发现床尾距衣帽间仅剩55 cm的空间，想要从这么窄的通道通过实在很勉强，所以硬要做衣帽间，绝对是错误的设计。

像这种条件不佳的空间，既然不能采用放大这个方法，那就山不转水转——改变动线吧（图2-12~图2-15）！

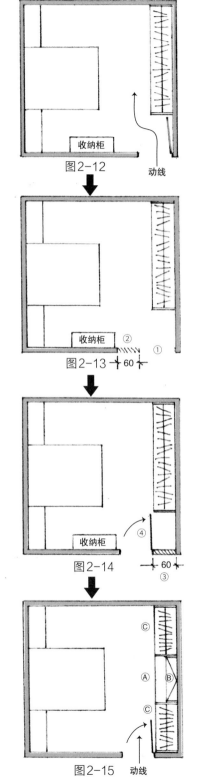

图 2-12　收纳柜　动线

原设计。

①先拆掉卧房门。
②将隔间墙往左拆除 60 cm。

图 2-13　收纳柜②　60　①

③补回 60 cm 宽的隔间墙。
④装回卧房门。

图 2-14　收纳柜　④　60　③

ⒶⒷ

Ⓐ将原收纳柜移至此处。
Ⓑ收纳柜的上方还可以加做储物柜。
Ⓒ衣柜虽变成两组，但其总容量并未减少。

改变动线，凸出物就不见了！

图 2-15　动线

转念想想，要改变动线也不一定非拆墙不可，下面的方法（图2-16）也可以解决凸出物，以图2-4所示房间为例。

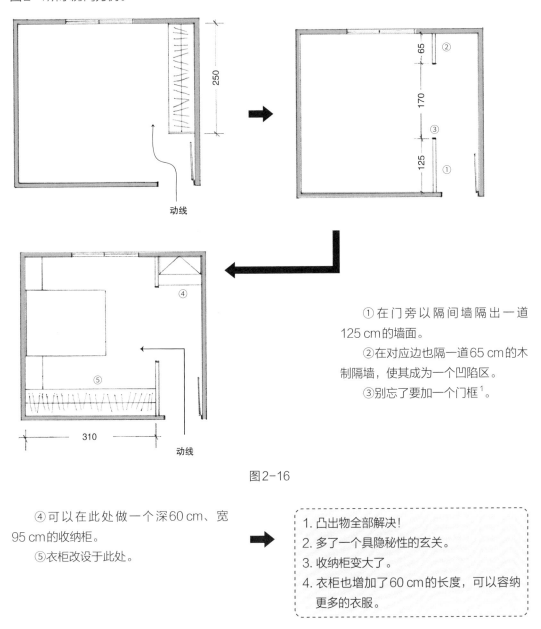

①在门旁以隔间墙隔出一道125 cm的墙面。

②在对应边也隔一道65 cm的木制隔墙，使其成为一个凹陷区。

③别忘了要加一个门框[1]。

图2-16

④可以在此处做一个深60 cm、宽95 cm的收纳柜。

⑤衣柜改设于此处。

1. 凸出物全部解决！
2. 多了一个具隐秘性的玄关。
3. 收纳柜变大了。
4. 衣柜也增加了60 cm的长度，可以容纳更多的衣服。

1　我要再重复一遍，做门框的目的，就是要让左右两边新做的隔间墙连成一片，从而消除其突兀感，因为即使是薄薄的一面墙仍属于凸出物（图2-17）。

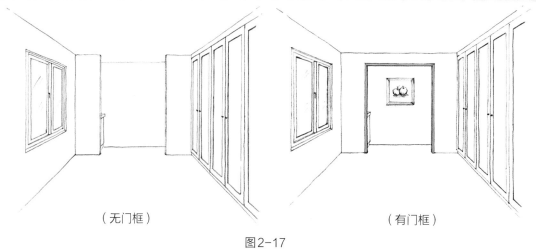

（无门框）　　　　　　　　　　　　（有门框）

图2-17

再举两个改变动线的例子。

客厅

　　一般缺乏隔间的客厅，会直接摆放现成的沙发组、电视柜和收纳柜或鞋柜，而这些都会造成客厅的凸出物。如图2-18~图2-20所示。

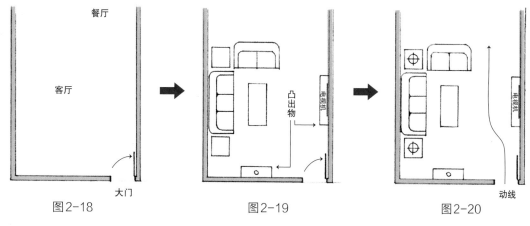

图2-18　　　　　　　　　　　图2-19　　　　　　　　　　　图2-20

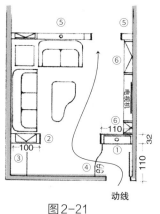

图2-21

　　我们用隔间来改变动线，消除凸出物（图2-21）：

　　①在距离入口大门的110 cm处隔制一个玄关鞋柜（约32 cm深，110 cm宽）。

　　②在玄关对面做个约100 cm的隔间墙，则可从客厅获得一个储物架。

　　③形成一个凹陷处，正好可制作一个端景柜或储藏柜。

　　④架高地板，以区隔客厅与玄关区，而区隔线可做成弧形，除了可加长摆放鞋子的空间外，当开关大门时，门的摆动不会再扫到脱下的鞋子。

　　⑤以隔间墙使沙发区及电视矮柜区形成凹陷区，则可以很安稳地摆放沙发组及制作出电视柜左右的收纳摆饰柜⑥。

现在，我们看不到电视柜这个凸出物了，因为我们改变了动线！

不但消除了凸出物，而且得到很多好处：

1. 多了很多收纳的功能。

2. 因为做了隔间，所以增加了隐秘性。

3. 打扫工作会变得更容易。

厨房

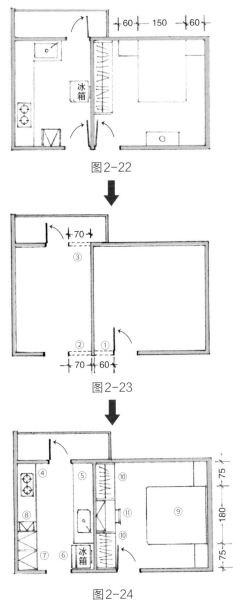

图2-22

图2-22是极为常见的厨房及卧房配置，很明显地可以看出到处都是凸出物，共计有9个凸出尖角（双人床的床尾不计的话）。

图2-23

运用改变动线的方法（图2-23、图2-24）：

①将卧房门拆除并往右移60 cm。

②进入厨房的门也拆除，但是往左移70 cm，之后不必装门。

③厨房后门同样地往左移70 cm。

图2-24

④原燃气灶移至后门边，更利于排油烟。

⑤附有水槽的操作台。

⑥冰箱就摆在操作台右侧，方便拿取食材。

⑦电器用品柜，摆上两组也没问题。

⑧还有足够的空间可以制作一个调味品架。

⑨床组改个方向，不但能摆上更大的床，就连床头柜也变得更大。

⑩衣柜分成两个。

⑪衣柜与衣柜之间就可以放置书桌与书架。

改变了动线，完全解决凸出物的问题，从而使得空间变得更大，功能也更多了。

■ 解决凸出物方法三：营造凹陷区

本方法是依照凸出物本体的大小，在其附近营造出凹陷区，让这个凹陷正好可以容纳得下这个凸出物。

以第43页厨房为例：

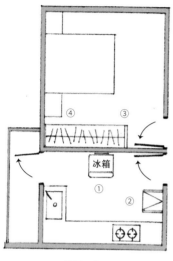

在图2-25的厨房中有冰箱①及电器柜②两个凸出物，卧房则有衣柜③和床头柜④两个凸出物，总共四个凸出物。

床头柜如果紧靠衣柜的话，衣柜门是无法打开的，因此床头柜稍离开衣柜，似有其必要。

图2-25

解决的方法是，厨房与卧房一起调整（图2-26~图2-30）。

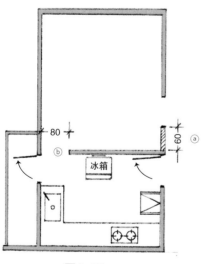

1. 先以前页所述改变动线之方法，将卧房门上移60 cm ⓐ。
2. 在ⓑ处把隔间墙拆除80 cm宽。

图2-26

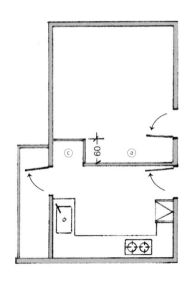

图2-27

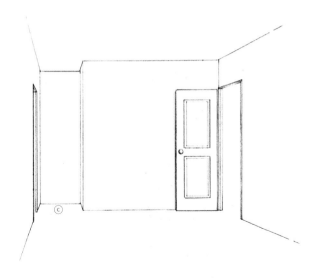

图2-28

3. 做一道L形的隔间墙（木制即可），使厨房的后门（通阳台）旁形成一个凹陷区ⓒ（图2-27、图2-28）

4. 卧房因房门上移的关系也形成一个凹陷区ⓐ，则衣柜即可设于此处。

5. 把冰箱置于凹陷区ⓒ。

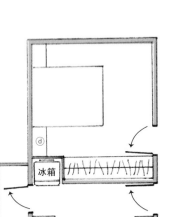

图2-29

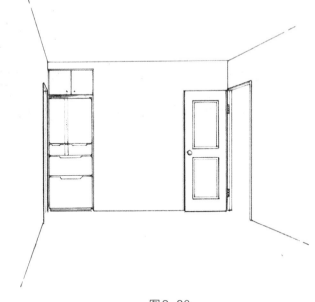

图2-30

6. 现在床头柜ⓓ就可以加宽做满而紧靠冰箱的背墙，再也不必顾虑衣柜门打不开了。

7. 将操作台上下柜改成U形与电器柜连接。

结论：

厨房和卧房的凸出物不见了，空间自然就变大，而且更整齐，清洁工作也更容易了。

以机场饮水机为例：

我们经常可以看到饮水机的摆设如图2-31所示，因为习以为常，也不觉得有何不当，但看过前面的例子后，你已明白饮水机在空间中是凸出物，会影响行走的动线和空间的使用。

图2-31

图2-32则为某国际机场饮水机的摆设方式，这正是运用"营造凹陷区"这个方法。

将原本平整的墙面设计出符合饮水设备所需尺寸的凹陷区，再将饮水机设备嵌入其中。如此，则完全不会阻碍旅客通行，动线更为流畅与安全，空间非常宽阔的飞机场尚且如此作法，你我不到30 m²的客厅之类的空间不是更应该讲究吗？

图2-32

■ 解决凸出物方法四：合并

把两个或多个凸出物合并成一个，也可以减少凸出物，例如图2-33、图2-34。

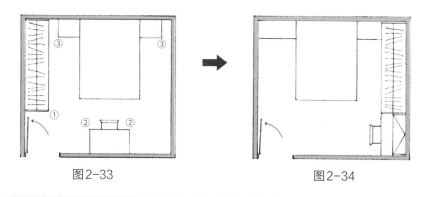

图2-33　　　　　　　　　　　　图2-34

图2-33中有3个凸出物:衣柜①、书桌②及床头柜③,若把床组与衣柜左右互调,将衣柜与书桌合并,可同时解决两个凸出物,再把床两旁的床头柜加宽做满、不留空隙。书桌上方也可加做书柜或书架,充分利用了垂直空间(图2-34),这个房间不就立刻变得较整齐方正了吗?

不过为了更美观,可以稍做变化:

以对称的方式将衣柜分成大小相同两部分,以形成一个凹陷区(图2-35),把书桌摆入此凹陷区(图2-36)。

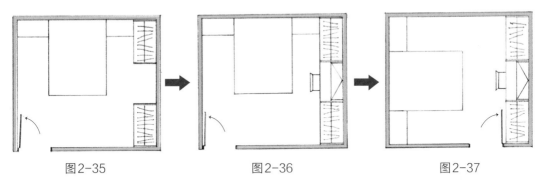

图2-35　　　　　　　　　图2-36　　　　　　　　　图2-37

如果情况允许的话,再加上一个"改变动线"的方法,将房门移位,床组改向(图2-37),可获得更佳的空间效果,请比对一下图2-33与图2-37的差异。

■ 解决凸出物方法五:包起来

对于梁和柱这种因为建筑结构的需要而无法避免的固定且庞大的凸出物,在室内设计时绝对是要想办法消除的。消除的方法绝不是拆掉它,也不是很单纯地把它包起来就好,因为那只会越包越大。

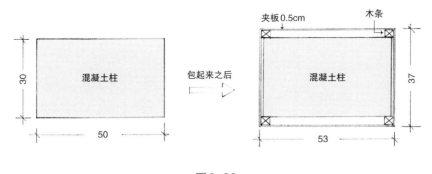

图2-38

从图2-38可知,原本柱子只是30 cm×50 cm,即便以最小的木作包覆方式仍会变大成为37 cm×53 cm,显然这个包覆动作只会使柱子变得更大。所以,一定要配合附近环境的条件及实际的需要,一方面包起来,一方面使功能性增大,使其完全看不出柱子的存在。

举一个客厅的例子：

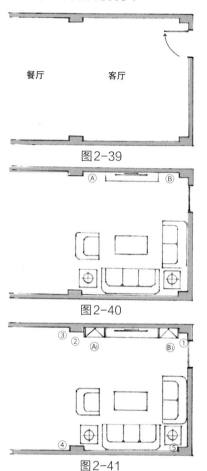

餐厅　　　客厅

图2-39

图2-39为常见的住宅格局，从大门进入，至少看到4根柱子，这些都是凸出物。

解决办法就是先处理大型家具——沙发组及电视柜，如图2-40所示。但是电视柜一摆上去就又多出一个凸出物，而且其左右两旁会形成Ⓐ、Ⓑ两个闲置空间，与其闲置，不如在电视柜的左右两边加做储物柜，如图2-41所示。

图2-40

当增加了Ⓐ、Ⓑ两个储物柜后，其实并没有解决凸出物的问题，它只是让凸出物变得更大而已。图2-41中仍然可以看到①、②、③、④、⑤五个凸出。

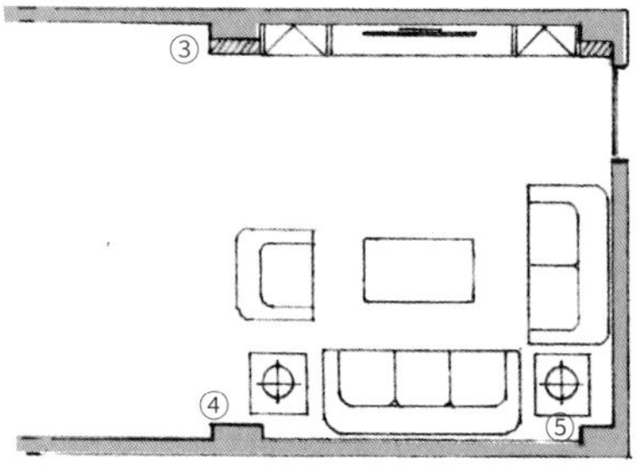

图2-41

现在以"包起来"的方法将储物柜两旁的混凝土柱包覆起来，如黄色区块所示，则原本的①、②的凸出尖角不见了，只剩③、④、⑤的凸出尖角了（图2-42）。

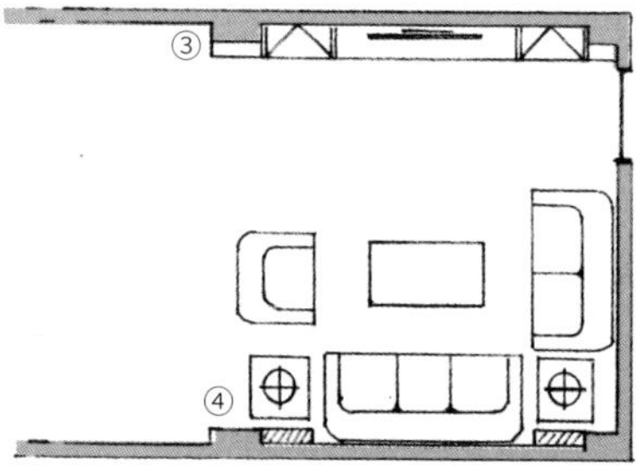

图2-42

同样以"包起来"的方法将④、⑤两柱加宽（图2-43），使其形成两片墙而不觉得为凸柱，而此时三人座沙发的背墙就变成一大片非常有安全感的凹陷墙面，刚好可以作为客厅的主墙，现在只剩③、④两个凸出尖角了。

图2-43

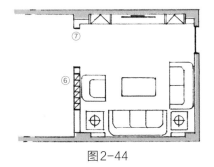

运用第1课"隔！才会变大"的方法，制作一道格栅式的隔间⑥以区隔客厅与餐厅，别忘了要加做一个门框⑦，如图2-44所示。

图2-44

看看完成后的透视图（图2-45）：

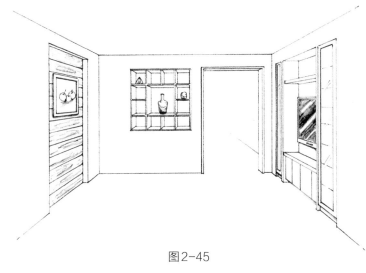

图2-45

1. 客厅区的4根柱子完全看不见了。

2. 客厅与餐厅之间虽有20 cm厚的隔间墙，但是因为是格栅式（具有通透性）的隔间墙，加上大开口的门框，对视觉延续与穿透性，不但完全不成问题且增加了些隐秘性与期待感。

3. 格栅也成为一个摆饰架。

4. 电视柜两旁的储物柜让客厅的收纳功能大增。

5. 最重要的是，完全没有凸出物！

再举一例，但举例之前，必须先纠正一个观念：绝大多数的人在空间规划时都会依据柱位来区隔空间，换句话说，常会被柱子牵着鼻子走，柱子在哪里就顺着柱子做隔间墙。

从今起请摒弃这种想法吧！

例如有一幢89 m²的房子，其柱位分布如图2-46所示。

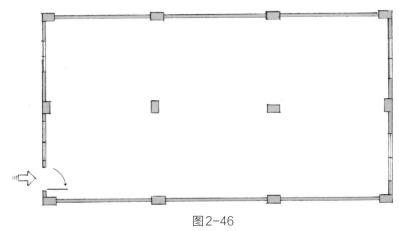

图2-46

若顺着柱位做隔间，则大约如图2-47所示。

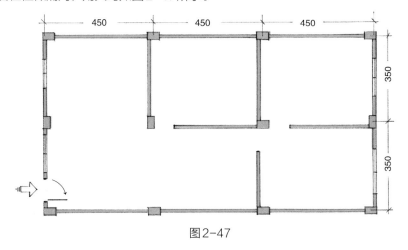

图2-47

这种隔间法会让每一个空间都大约一样大。在建筑设计时，为了结构上的考量，梁柱的安排会偏向"平均分配"，就图2-47建筑物的跨度而言，梁柱做如此的分配当属正常。

但是，顺着柱位做隔间，就会造成每个空间几乎一样大，那就非常不正常了。

无论卧房、餐厅、厨房或是客厅，每一个空间都会因为不同的功能，而有大小不同的空间需求。

因此，在规划时绝对不能有这种平均分配的想法，否则保证你会有该大的地方不够大，该小的地方却又太大的困扰。

那么，若不顺着柱位做隔间，梁柱将可能出现在空间的中央，那不是更为严重的凸出物吗？没错！该柱或许更为突兀，但是请记住：空间不足或不恰当比凸出的柱子更糟糕。另一方面，即便是沿着柱位做隔间，难道柱子就会不见了吗？它仍然存在啊（虽然感觉小了些）！

另外隔间墙也不是都呈直线形，直线墙在空房时看似方正，但是当安排了家具橱柜后，反而会因一大堆的凸出物而变得不方正（请回顾第42页）。

现在我们试着不要顺着柱位做隔间，如图2-48所示，请注意①、②、③、④四处的隔间墙。

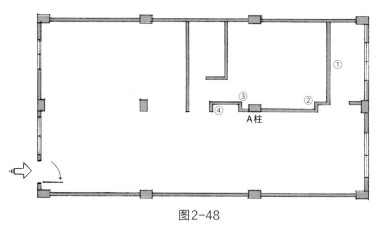

图2-48

1. 不受制于柱位。

2. 虽有部分隔间墙是顺延A柱建造，但也非全然为直线墙。

3. 目前看到的隔间墙虽有凹凹凸凸的现象，但其实都是为了日后的平整与方正而做的规划。

接下来就要运用"包起来"这个方法了（图2-49）。

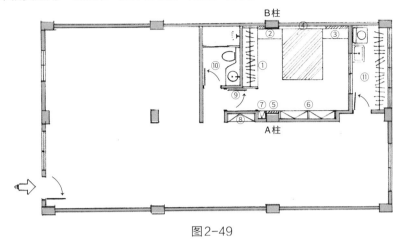

图2-49

1. 规划出卧房的衣柜①。

2. 将B柱往左包覆至衣柜，如②所示。

3. 在床右侧做一个相对应之凸墙③，其目的就是要营造一个凹陷区④，以便作为床头的主墙。

4. 将A柱往床的方向稍微包覆如⑤。

5. 可以制作出两组储物柜如⑥、⑦。

6. 制作一个卧房外的储物柜⑧。

7. 卧房门设于⑨处，营造出卧房的玄关。

8. 完成卫生间的各个设备⑩。

9. 在卧房右边外侧设置洗衣、晾衣间⑪。

至此，就完全解决了A柱及B柱两个凸出物，而卧房也变得大小适中、功能齐全、空间方正了。

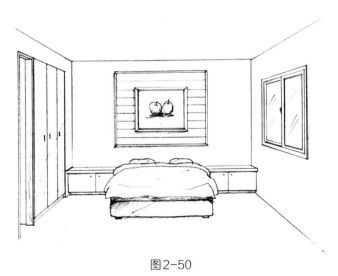

图2-50为①、②、③、④处完成后的透视图。

图2-50

接着，要处理餐厅的C柱（图2-51）。

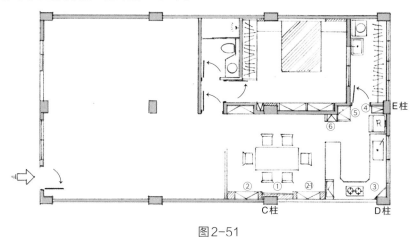

图2-51

　　1.同样以"包起来"的方法，将C柱往左右延伸包覆①，使其成为餐厅的主墙面，而不觉是凸出的柱子。

　　2.在①的左右凹陷区制作两组餐盘储物柜，即②和㉑（图2-52）。

　　3.厨房角落的D柱，可不予处理，但若仍觉得不满意亦可如③一般，以木作方式将D柱包起来，满足铲子、勺子等吊挂厨房用品的放置需求，亦可提供更多的壁面功能。

　　4.在冰箱旁制作一个置物架④，就可以把E柱包覆起来。

　　5.在④的对面就是电饭锅、烤箱、微波炉柜⑤及置物架⑥。现在，你应该明白第50页图2-48②处为何会做那种非直线形的隔间墙了吧！

图2-52　由餐桌面向①的主墙

最后剩下的柱子，其解决方法如图2-53所示。

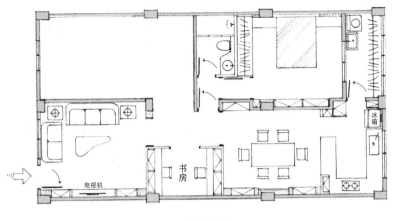

图2-53

同样以包覆的方式制作客厅的电视柜及书房就可以解决了。由于还剩较多的空间，所以就再增加一套卫生间及卧房，如图2-54所示。

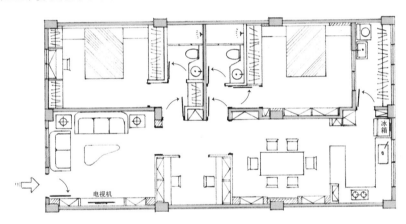

图2-54

终于，我们几乎看不到凸出的柱子了，所有的柱子不是隐藏在衣柜内，就是被储物柜所包覆，这就是"包起来"，这样的包覆才具有意义。顺便一提的就是最后的完成图颇为复杂，但你若仔细观察就会发现每一个空间，都非常方正而且功能齐全，毫无任何浪费。

最后再举一个单身女子公寓的例子（图2-55）。

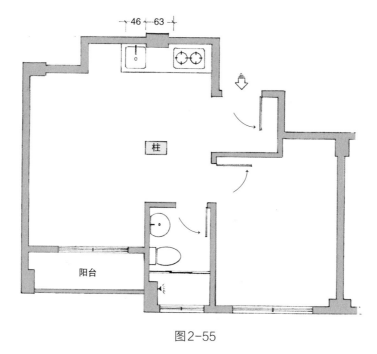

图2-55

本例室内面积为30 m^2，阳台面积为2.3 m^2。图2-55中最突兀的就是屋中的柱子，现在我们用"包起来"的方法来解决这个问题，如图2-56所示。

图2-56

1. 制作一个电器用品柜①紧贴柱子。

2. 在柱子的另一侧制作一个储物柜②。

3. 再将①、②两柜连同柱子全部包覆起来，使其成一面墙③（可作为端景墙），令人头痛的柱子则完全消失于无形。

你也可以采用不同的方式包覆这根柱子，效果可能更好，如图2-57所示。

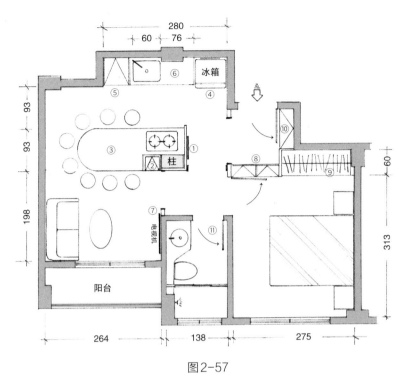

图2-57

①制作木隔间墙将柱子包起，同时遮挡了灶台。

②制作一个储物柜紧贴柱子。

③安装一组操作台兼多人坐的餐桌，则该柱完全被包起来，这样的规划会让空间的运用更加理想。

④将冰箱移到原灶台处。

⑤电器柜就置于原冰箱处，由于电器柜所需的空间比冰箱少，所以操作台⑥的水槽就可以稍微加大些，由原来的46 cm变成60 cm，而料理的台面也由63 cm增加为76 cm。

⑦再运用第1课"隔！才会变大"的概念以木隔断加大电视墙，则客厅的空间感也顿时变大。

⑧将原玄关与卧房的隔间墙拆除，制作一组卧房内使用的收纳柜。

⑨现在衣柜的长度也变长了，可以容纳更多的衣物。

⑩制作一个玄关鞋柜。

⑪顺便把浴室内的洗脸盆改为台面式洗脸台，再装上一面大镜子，以扩大浴室空间感。

■ 解决凸出物方法六：再增加

不是说要消除凸出物吗？怎么反而要增加？

请习惯本书的另类思考方式，不用怀疑，就是"再增加"。

请看下面的案例：

由于结构的需要，屋中竖立了两根柱子（图2-58），也是无可奈何，但这两根柱子就是障碍物，就是凸出物。

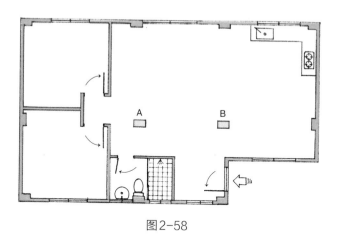

图2-58

解决方法当然不是把它拆掉，而是再增加一根柱子，如图2-59所示，但如何增加、增加在哪儿？当然是要经过计算考量。

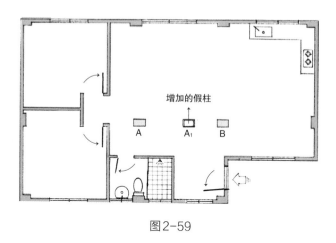

图2-59

为什么要增加一根假柱A₁在那个位置呢（图2-59）？

答案是：为了要让两人座沙发有所依靠及有对称感。制作了A₁的假柱后，A柱与A₁柱之间就可以制作一个矮柜，约与沙发背同高，让沙发可以有稳定的依靠。

因为是矮柜，所以也不减视觉的穿透，最重要的是增加了A₁柱可以混淆A柱的存在。

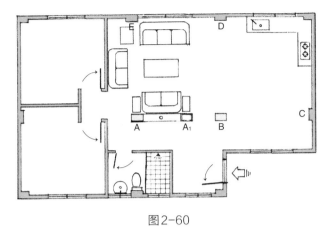

图2-60

接着就剩B柱及C、D、E等柱需要处理了，只要运用"包起来""放大"等方法均可一一解决（图2-61）。

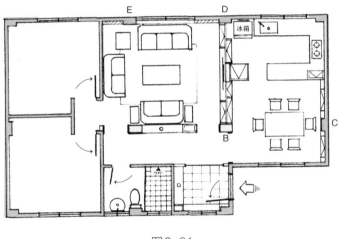

图2-61

我要再重复一遍：

能够解决凸出物，就能使空间变大！

在接下来的几堂课中，会有更多案例存在着凸出现象，

届时就请当作一次次的复习。

现在请看一下您家中有没有凸出物呢？

有的话，就请想想看下列有哪些方法可以派上用场？

解决凸出物方法一：放大

解决凸出物方法二：改变动线

解决凸出物方法三：营造凹陷区

解决凸出物方法四：合并

解决凸出物方法五：包起来

解决凸出物方法六：再增加

第3课
缩小

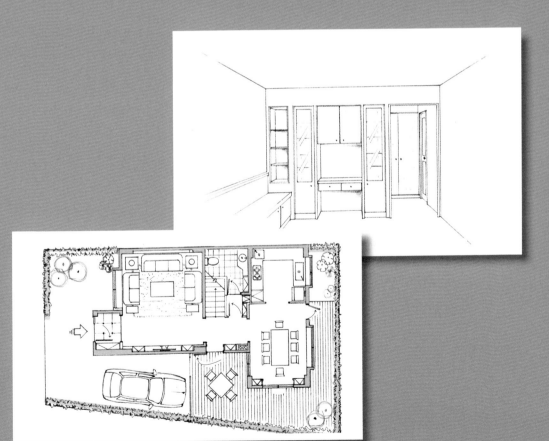

不是说要让房子变大吗？这回怎么要缩小呢？

没错！第3课就是要缩小！

大家都知道以下这些道理：

1. 有得必有失。

2. 以退为进。

3. 有舍才有得。

4. 牺牲小我，成就大我。

诸如此类的道理，实在不胜枚举。

室内设计也应该运用这样的哲理：

在一个既定的空间里，牺牲或缩小某些不是那么重要的空间，就能成就另一个空间，使其变得更大而达到所需，例如：

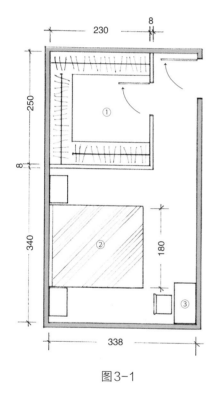

图3-1所示为一个卧房，内有：

①不算小的衣帽间。

② 180 cm宽的床一组。

③化妆桌椅。

图3-1

各位读者请先不要看下一页的解析，自己先思考一下这样的格局究竟有哪些问题？

本例看起来好像没什么问题，但是各位读者已经学习了第1课和第2课了，应该可以发现本例的几个缺点（图3-2）。

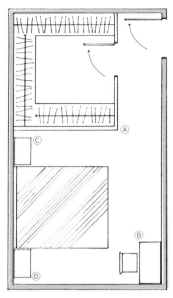

图3-2

1. 衣帽间的隔间造成的凸角Ⓐ。

2. 化妆桌的摆放方式也产生了凸角Ⓑ。

3. 该卧房的收纳功能极为不足。

4. 床头柜的凸角Ⓒ、Ⓓ。

5. 该卧房的功能除了睡觉之外，实在乏善可陈。

现在我们来谈谈如何运用"缩小"来解决这个卧房的问题。

前文已提示，该卧房有一个不算小的衣帽间①，所以可缩小的当然就是衣帽间了，绝不是调整床的摆放位置（因为床的左右两边仅有80 cm的宽度，差不多已是极限了）。

那么，如何知道这是一间不算小的衣帽间呢？那就要看它的尺寸到底为多少，以及占整个卧房空间的比例是否恰当。

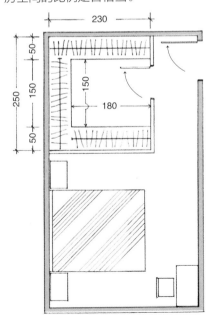

如图3-3所示：

1. 衣帽间的净空间为230 cm×250 cm。

2. 放置衣物或悬挂衣裤的衣柜形式是U形。

3. 悬挂衣裤的深度约需50 cm。

4. 当使用者进入衣帽间内时，剩余的净空间为180 cm×150 cm。

5. 对一间面积不是很大的卧房而言，这样的衣帽间空间相较于卧房，比例上显然是大了些，所以才会说这是一个不算小的衣帽间。

图3-3

一般而言，卧房内配备衣帽间或浴室很常见，而大多数的人都希望衣帽间或浴室尽量大一些，可是衣帽间或浴室越大，就越会挤压到卧房的空间，除非室内面积超大则另当别论（像一些豪宅，主卧房的浴室可能比您家的客厅加上餐厅还要大）。

因此，一定要建立一个观念，那就是：

不是越大越好，而是刚刚好才是最好！

一间衣帽间究竟多大才是恰当的呢？

以本例而言，因为包括衣帽间在内的卧房，整个空间并不算很大，而衣帽间内扣掉U形的挂衣空间后，使用者在衣帽间内的活动空间竟有150 cm宽、180 cm长，长度180 cm这部分大概没什么问题，但是宽度150 cm显然过大，如果我们把它缩减成100 cm会怎样？

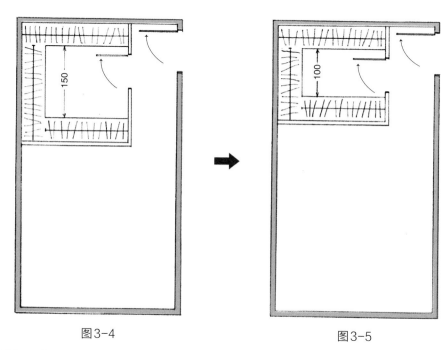

图3-4　　　　　　　　　　　　　　　　　　　图3-5

将图3-4与图3-5相比较，很容易就能看出图3-5的卧房空间立刻变大了。

这个结果当然不是什么大学问，但是它却隐藏了很重要的概念，这个概念才是真正的学问！

那就是——牺牲小我，成就大我！

你一定会认为衣帽间减50 cm，卧房自然会增加50 cm，这样一减一加并没能赚到便宜啊？

这么说好像也言之有理，但是我们要先了解衣帽间的目的是什么，它只不过是用来储放衣物的地方而已，不是要在衣帽间内打拳或跳舞，所以活动的空间实在不需要太大，将宽度缩为100 cm在使用上仍是足够（甚至缩为90 cm也未尝不可）。那么如图3-5所示缩成100 cm，对衣帽间而言空间变小了，能够放置衣物的件数也一定会变少，但是到底少了多少呢？

少了50 cm宽的挂衣量！

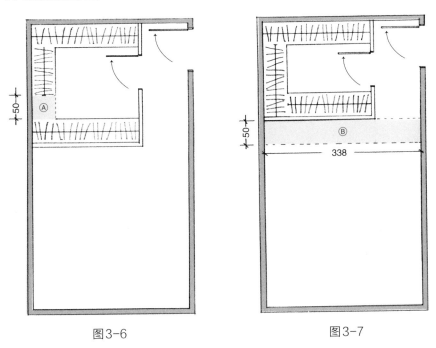

图3-6　　　　　　　　　　　　　图3-7

如图3-6所示Ⓐ的部分，这个部分确实是少了50 cm宽的空间挂衣服。50 cm的挂衣杆可以挂几件衣服呢？假设原本的衣帽间总共可挂100件衣服，现在少了50 cm的挂衣杆，理论上能挂衣服的件数应小于100件。可是有趣的是：虽然少了50 cm的挂衣杆，100件衣服仍然可以挂上去（虽然变得拥挤些）。我们常听到一句话：对女人而言，衣柜内的衣服总是少一件，现在我们可以有一种说法：对衣柜而言，再多几件的衣服也塞得进去！

虽然少了50 cm宽的空间，但是它却成就了图3-7Ⓑ的空间，Ⓑ的空间有多大呢？

50 cm×338 cm=1.69 m^2

试想一下：

损失了50 cm宽的挂衣空间，却获得了将近1.7 m^{2}的卧房空间，这不是很划算？如果你买的房子每平方米单价为1万8千元，那等于你赚到了3万元！

在高房价的当下，我们不是更应该斤斤计较每一个空间，让每一寸地方都能被充分地利用吗？

现在你"获得"了1.7 m^2，如果只是让卧房变大一些，那就谈不上"赚"了，这1.7 m^{2}的空间，要如何运用才能发挥最大的好处呢？

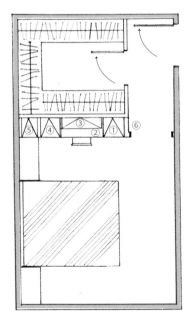

图3-8

将多出的50 cm中的40 cm规划如图3-8所示。

①制作一个储物高柜（从地面到天花板的高柜）。

②在①左边设一个写字桌兼化妆桌，解决了图3-2所示墙角化妆桌的凸出问题。

③离桌面高75 cm处，制作一个书柜。

④制作与①对称是相同的高柜。

⑤再做一个置物架。

⑥别忘了要加一个门框，以消除①的凸出。

因为只用了40 cm，尚余10 cm则会使床旁走道更为宽敞，像这样的规划，才能算是真正"赚到3万元"！

你还可以再缩小（短）衣帽间外的廊道，如图3-9所示。

①运用第2课所述改变动线的方法，将房间门往下移50 cm。

②补墙。

③制作一个100 cm宽的衣柜。

如此一来原本衣帽间减少50 cm宽的衣柜空间，也因为制作了③这一个衣柜，不但弥补了50 cm的损失，还多了50 cm送给你，真的是赚大了！

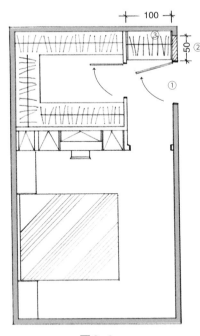

图3-9

结论：

　　由于采用了"缩小"这个方法，虽然使得衣帽间内的活动空间变得稍小，但却解决了化妆桌这个凸出物。不但如此，还增加了三个储物柜及卧房门旁的衣柜（图3-10），这就是运用"缩小"使空间变大的妙方。

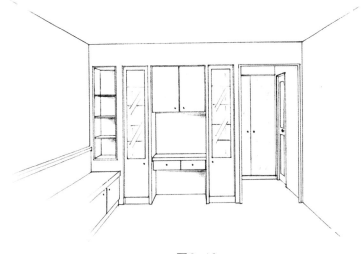

图3-10

　　一般而言，卧房会跟卫生间或衣帽间在一起，厨房会在餐厅的旁边，玄关会与客厅在同一区，因此你希望卧房大一些，就想办法缩小卫生间或衣帽间（例如前例）；你希望餐厅变大些，就缩小一下你的厨房或客厅，反之亦然。

　　这就是本课所谈的"缩小"，因为缩小的另一面就是"放大"。

　　重点是有没有缩的条件？要缩多少呢？要如何缩呢？

　　所谓的缩小，并非只局限于卧房与衣帽间两者之间的谁缩谁放而已，难道不能挪用一点相邻的客厅、餐厅或其他空间来用吗？如果仔细探讨的话，有98%的房子都因不恰当的隔间而产生很多"该大而不够大，该小却又很大"这种令人懊恼的空间，将这些不当的空间缩小或重整就能获得理想的配置，接下来，我将以整个空间规划，让您更了解"缩小"的概念。

实例解说：

以下是常见的案例，其中也运用了"缩小"的方法来规划，原始隔间图如图3-11所示。

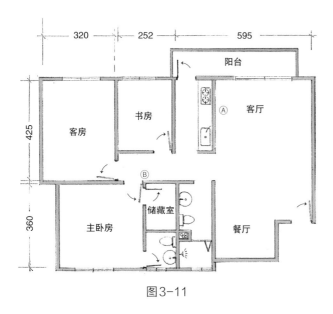

图3-11

1. 室内为87.6 m²（不含阳台）。

2. 从平面图上看，厨房空间很小，冰箱等电器用品不知要摆放在何处。

3. 主卧房的卫生间过小，沐浴时将极为痛苦，而公用浴室却显得过大。

4. 主卧房内有一个储藏室，也许可以作为衣帽间。

现在，我们来看看业主如何运用"缩小"的方法来规划本案例。

图3-12

1. 因为厨房空间太小无法摆放冰箱等电器用品，因此缩小一些客厅的空间，也就是将客厅与厨房之间的隔间墙（图3-11Ⓐ墙）往客厅的方向移动约70 cm，这样就能够在厨房内摆上冰箱以及电器柜（图3-12①）。

2. 把图3-11的Ⓑ墙拆除，缩小主卧房内的储藏室并改为衣帽间，如此就可以成就走道上两组储物柜或书柜②。

3. 把书房、客厅、主卧房及餐厅全部规划如图3-12。

您看出了什么问题吗（图3-13标记处）？

①缩小主卧衣帽间，营造走道旁的书柜虽然很好，但是书柜或书架的深度其实不必那么深（40 cm），您可以拿尺丈量一下家中的书籍，除非是较特殊规格的书，否则一般的书籍只需要20~25 cm深的书架即可。意思就是说主卧房的衣帽间缩了太多。

②主卧房没有缩小，导致床尾的闲置空间过多，几乎可以再摆一张床。

③如果第②项的闲置空间能缩小些，则主卧房的衣帽间就可以变大。

④同样地，主卧房的卫生间也会跟着变得更大。

⑤客厅的鞋柜距离入口太远，使用不便且造成凸出物。

⑥电视矮柜及客房的衣柜都是凸出物。

⑦由于缩小了客厅的空间，导致原本可以摆放"3+2"人座的沙发组，却因欲进出阳台而只能容下"3+1"人座沙发组。

⑧是两处大型混凝土墙凸出尖角。

⑨冰箱与电器柜摆在此处，则是本例最莫名其妙的设计。

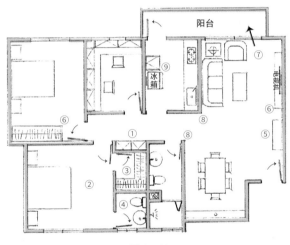

图3-13

为何说冰箱、电器柜是最大的败笔呢？

1. 为了摆放冰箱、电器柜而扩大厨房，却牺牲了一大片客厅的面积，换来的却又是厨房的大障碍物（凸出物），有这种设计吗？

2. 为了冰箱而缩小客厅，这种想法与第63页所论述的"缩小衣帽间，换得大卧房"的概念完全起反效果。

结论：如果只是单纯考虑冰箱、电器柜的摆放空间，根本不应该减少客厅的面积，缩小客厅是绝对的错误！

要缩就缩小书房，如图3-14所示。

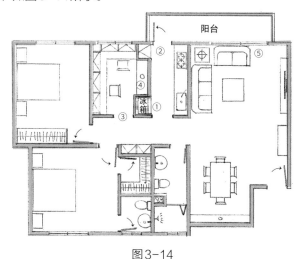

图3-14

①只要缩小一点书房的空间就能营造出凹陷处，冰箱就可以安稳地放在此处，完全不会有凸出物的问题（请回顾第2课）。

②电器用品柜也可用同样的方法挪用书房的空间。

③书房门则左移些即可。

④书房看似缩小了，但却又获得了一个储物矮柜。

⑤保留了客厅原有的面积，即使摆上"3+2"人座的沙发组也不会阻碍进出阳台。

图3-14看似完善，但也只是解决厨房的问题而已。至于其他甚多缺失，通盘规划如下（图3-15）。

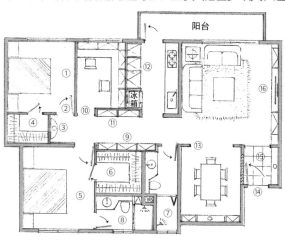

图3-15

①缩小一些客房的面积，也就是将书房与客房之隔间墙左移些则书房会大些。

②将客房的门改在此处，可营造出③的端景柜。

④本会产生凸角的衣柜改为衣帽间，不但能消除凸出尖角且可容纳更多的衣物。

⑤缩小了主卧房床尾的闲置空间，可以造就更大的衣帽间⑥。

⑦缩小公用浴室，可以在主卧房打造更大的干湿分离卫生间⑧。

⑨公用洗手间稍微缩小些，则原走道旁的两组书柜就会变成更大的书墙。

⑩将书房的出入口改设于此处。

⑪稍微缩小一下书房的空间，则可制作出走道旁的另一组书墙。

⑫改变厨房与书房的隔间墙，厨房内就可以增加至三组储物收纳柜，再多的电饭锅、烤箱、微波炉、果汁机、热水瓶……也容纳得下。

⑬做一点小隔间墙及门框，就能划分出餐厅、客厅了。

⑭将入口大门左移一些，就可以完成一个正式的玄关及玄关鞋柜⑮。

⑯可以把电视柜做满（电视柜左右为储物玻璃柜），不但可以解决原本电视矮柜的凸出尖角，且增加了许多收纳功能。

接下来是125 m² 的案例（图3-16）。

图3-16

各位读者，请仔细研究一下这样的配置有什么问题？

如果这是你的房子，而你委托的设计师将房子设计成这样，你能接受吗？

事实上这根本谈不上设计，只不过是把一些家具摆上去而已，摆上去之后又发现尚有一些空位，于是就挤出一个书房及厨房的中岛，想办法来填满空洞的空间，其实只是让空间更为零乱而已。到目前为止，你已经学会了第1课"隔！才会变大"、第2课"解决凸出物"及第3课"缩小"，你能否试着运用这3堂课所学将本案例重新配置一番？

提示:

1. 玄关、客厅、餐厅、厨房、书房有没有隔的必要,要如何隔?

2. 有无凸出物,要如何解决?

3. 什么地方应该缩小,如何缩?

4. 什么地方应该扩大空间,如何做?

先不要急着往下看,请先自己动动脑喔!

当然,每一个案例都可以有很多不同的配置方案,由于每一个人的需求不同,思考方式也各异,自然会有各式各样的空间配置。

无论是什么样的配置,我们都要问:这样的配置理想吗?合理吗?舒适吗?功能性强吗?有安全上的考量吗?

以本例而言,有好几个地方正好可以运用"缩小"的方法来调整不理想之处(图3-17)。

首先,我们注意到,主卧房的床尾距离隔间墙有190 cm,而次卧房1的床尾距离该隔间墙却只有50 cm,显而易见这两间卧房一间太大,另一间则太小。

为什么会隔成这样呢?

因为一般人都会被现状的环境所影响,例如柱位或梁的位置在哪里,就会顺着做隔间,本例的主卧房与次卧房1的隔间墙也是顺着外墙Ⓐ做区隔。

这是欠妥的思考方式,完全没有考虑内部各空间的需要,才会造成该大的地方很小,该小的地方却又很大的困扰。

图3-17

在本例中，我们还可以发现其他类似的情况（图3-18）。

图3-18

除了刚才谈及的主卧房与次卧房1之间的隔间墙配置不当，还有：

①厨房太小（电饭锅、烤箱、微波炉之类的电器用品无处可放），而走道145 cm显然太宽。

②主卧房内卫生间虽是干湿分离，但浴缸旁的淋浴空间大小仅有60 cm，洗脸台的台面也不够大。

③餐厅旁的公用卫生间内的浴室没必要如此之大，挤压到保姆房的空间。

④没有玄关，但原设计者可能觉得一开大门就会看到餐厅、厨房或是从餐厅就会看到鞋柜，也不是很好，于是就加了一个屏风之类的隔屏，企图形成一个玄关区。但是这类半套的玄关配置，不但不能有效展现玄关真正的功能，反而只是徒增障碍物而已。

⑤这一区应该是属于书房区，原设计者设计了垂直与横向的拉门，将拉门拉上之后，可以成为一个独立的书房，而当拉门打开时（图3-18所示的状态），又能与客厅合在一起而成为一个较大的开放空间。

在本例中，书房区的这两扇拉门可以说是唯一"经过设计"的地方，但是这样的设计，却存在着极大的矛盾：

1. 应该有99.9%的时间，横向与垂直向拉门都是打开的状态，因为绝大多数的人（包括设计者），都希望是一个没有隔间的开放空间，所以平常不会刻意把它们关起来。

只剩0.1%机会会关起来，大概就是当亲友来访时，表演给人看而已，而且在表演完毕后又马上呈打开的状态。既然不关闭，又何须设计这两扇拉门呢？也许您会说："当不想受到客厅、餐厅的人员嘈杂声影响时，拉门就可以派上用场。"

真的是这样吗？拉门本身极不具隔声效果，所以就算把拉门关上，也无法静心使用书房，况且客人都来了，你还把自己关在书房内干什么！

2. 书房区内安排了一张独立的书桌，无论它是多美的书桌都只是中看不中用。独立的书桌只适合摆在豪华、宽敞且正式的书房，而且桌面通常不太会摆很多书籍或办公用品，经常保持着干净、清爽的状态。住在谈不上豪宅的125 m²公寓的人做得到吗？所以不要尝试把电影里或家具展示场的场景原封不动搬到自己家中。

3. 一般而言，上班族在公司上班的座位后面，大约都会坐着部门的主管，白天承受着8小时背后主管的"监视"，下班回到家里，坐在电视机前的三人座沙发，仍需继续承受着来自背后书桌的无形压力吗？

总之，这个"唯一"的"设计"其实是画蛇添足，徒增凸出物而已。

现在回到本堂课的主题，以"缩小"这一方法来解决本例的诸多不良配置，我们同时也会引用第1课"隔！才会变大"及第2课"解决凸出物"的方法，让这间125 m²的公寓更趋完美（图3-19）。

图3-19

先从最容易之处下手：

①因为主卧房床尾走道剩余的空间太多了，所以要将主卧房与次卧房1之间的隔间墙往主卧房移30 cm，则主卧房缩小了些，次卧房1也变大了。

②主卧房内就算加做了深30 cm的电视柜及摆饰柜，床尾的通道仍有130 cm宽（190-30-30=130），算是相当足够。

③由于制作了电视柜而营造出一个凹陷区，正好解决了化妆桌的凸出问题，化妆桌旁更可以多出一个化妆品柜。

④这样的改变会使得主卧房的衣帽间变小些，但是前面已经讨论过，这只会减少一点挂衣服的空间而已。

⑤我们仍然可以在⑤的位置补救回来减少的衣柜空间。

⑥在次卧房1外面的走道上可多出一个储藏柜。

⑦为了让次卧房1的床尾走道达到90 cm宽，将隔间墙往右移10 cm，即缩小客厅、书房的空间，对客厅、书房这种大空间缩小10 cm是不会有什么感觉的，但对于小卧房而言，多个10 cm就会觉得空间变得更大。

⑧次卧房1的房门改为此处，可解决卧房内衣柜的凸出尖角问题。

⑨次卧房1的衣柜长度原为140 cm，现在也因为卧房门的移位，衣柜的长度变成190 cm，可以容纳更多的衣物。

⑩将主卧房卫生间的门稍微左移一些以改变动线，即可将洗脸台转向，并做成全墙式明镜及洗脸台。

⑪将坐便器右移一些就可以让淋浴的空间变大。

⑫公共卫生间的浴室没必要这么大，应该缩小些，将隔间墙改为如图3-19⑫所示。

⑬保姆房内的床就可以改变摆放的方向。

⑭衣柜顺势移位，因为这样的改变，原本85 cm长的衣柜也变成130 cm长的衣柜了。

⑮不但如此还多出了可以摆上一张写字桌的空间呢！

以上都是运用缩小的方法，才能创造出这么多的功能与效果。

接下来，我们仍要继续运用"缩小"这个方法处理几个不甚理想的地方（图3-20）。

图3-20

⑯缩小走道使其成为100 cm宽即可，可营造出一个储物台柜。

⑰把次卧房2的房间门移出，形成一个卧房的小玄关。

⑱顺便把次卧房2的洗手间的洗脸台改成全墙式明镜洗脸台，坐便器当然也要移位。

⑲厨房的隔间墙就顺着第⑯项保持100 cm的走道，厨房也变大了。

⑳原本电饭锅、微波炉之类的电器用品无处可放，现在也有了正式且固定的电器收纳柜了。

㉑不必拘泥于一定要有中岛，可改为吧台式的料理台及调味品柜，这种半开放式的厨房对于油烟的隔绝也会有较好的效果，现在厨房不但变得更大，功能也更强了。

在需求上，我们假设与原设计一样，需要有一间书房，那么在格局上我们可以和客厅一起思考而隔成如图3-21所示。

图3-21

让书房正式成为独立的书房，不要与客厅混在一起，按照图3-21所做的隔间，反而使客厅与书房的空间都各增加了不少。

㉒原本的书墙照做。

㉓最好把卧房门也移出，与书墙平齐。

㉔385 cm的大长桌，取代了独立的书桌，可以容纳3人同时使用。

㉕书桌上方可以制作悬吊式书柜。

㉖客厅的沙发组反向摆放，让电视墙与书房的墙背靠背的安排，可以解决原设计中的电视柜、摆饰柜的凸出。

㉗将屏风拿掉，改成鞋柜。

㉘鞋柜的背面则安排一面放置餐盘杯组的餐边柜。

㉙～㉛则是为了消除隔间墙产生的尖凸角而必须做的门框。

㉜客厅与玄关的隔间墙，使其成为入门后的端景墙，也可摆放半圆桌。

现在我们来观察一下原设计图与运用三个方法后的结果，差异是不是很大（图3-22、图3-23）？

改造前：

图3-22

改造后：

图3-23

也许您是一位很好客的人，常常会有很多朋友到家中聚会，而你也不一定需要一间书房，那么你也可以考虑取消书房的设计，改为一组吧台，无论是调酒、泡咖啡、沏茶或是切水果、弄饮料都能很轻松地在客厅旁就近提供服务，不必事事都得依靠厨房。

由于采用较开放性的设计，客厅、餐厅、吧台三者之间的视觉延续效果非常好，但又各自能有所区隔，这样的设计至少可以容纳20位宾客，满足与朋友聚会的需求（图3-24）。

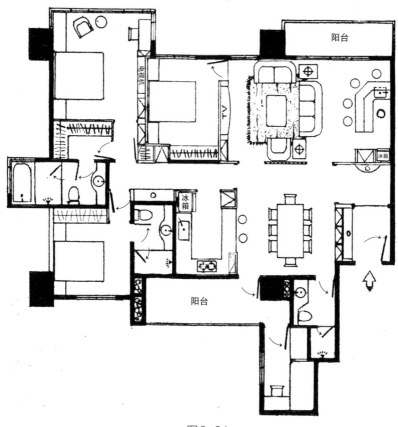

图3-24

有时候，所谓的缩小，也不全然仅指某一个房间、客餐厅或廊道空间的缩小，而是整幢房子全部缩小。

例如，您有幸能自建一幢房子，那么这幢房子也不是盖得越大越好，房子应该是"刚刚好"才最好，或是稍微比刚刚好再宽裕一点即可。

图3-25为联排别墅的案例（三层楼中的一层）。

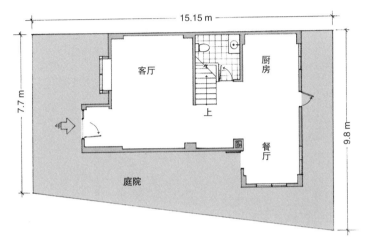

1. 土地面积132.6 m²。

2. 室内面积59.8 m²。

3. 由客厅、餐厅、厨房三个主要功能区，楼梯以及梯下卫生间构成，光看这样的平面图，一时之间实在无法判断三个主要功能区是太大还是不足。

图3-25

一般人只有在摆上家具后才会发现：喔！原来这里的空间不够，而那里又剩太多空间。

图3-26为规划后的平面图。

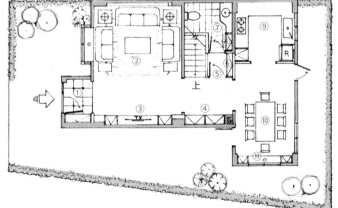

在整体规划上大概无可挑剔：

①一个附有鞋柜的完整玄关。

②可以容纳"2+3+2"人座的沙发组算是相当大的客厅。

③电视柜及左右两边的摆饰柜。

④收纳柜。

⑤卫生间外多做一点隔间，除了让卫生间更隐秘外，也使得通往餐厅的通道，更为平整无过多的凹凸。

⑥又多了一个收纳柜。

⑦洗脸台加长，并做圆滑处理。

⑧卫生间内收纳柜。

⑨非常完整的操作台及电器柜。

⑩可以容纳至少8人的大餐桌。

⑪窗台式的矮柜以及两边的收纳柜。

图3-26

按理说，这是没什么问题的配置。

但是啊——

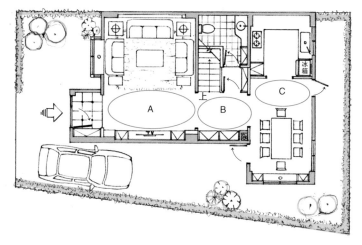

图3-27

您不觉得图3-27中A、B、C三区的闲置空间太多了吗？

室内空间过大时，将会产生下列的问题：

1. 电视机距离沙发太远（约530 cm），看电视会很吃力。

2. 作为过道之用的B区需要有这么宽吗？

3. 厨房已经尽可能地做大，但C区的闲置空间仍然剩太多。

4. 过多的面积徒增建筑及装修费用。

5. 室内的空间过大，挤压到户外庭院的面积（私家车停放困难）。

关键就是一开始的地基规划不对。

仅想着要盖大房子，却忽视各区实际的需要。

仅一味追求大面积空间，却不知多的那些"虚"空间有何用途。

请抛弃面积越大越好的错误观念吧！

请永远记住：每一个空间都是刚刚好才是最好。

若把房子缩小些，如图3-28所示（面宽缩减了50 cm）。

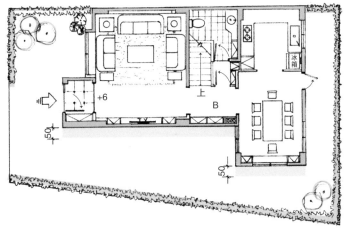

图3-28

虽然面宽缩减了50 cm（如蓝色区），但是室内各区实际需要的空间并无显著缩小，仍然相当宽敞，比照一下图3-26，两图几乎没感觉有何差别，但这样的改变，却造就了：

1. 建筑面积减少了5.48 m^2×3（层楼）=16.44 m^2，则建筑费加上装修费，以每平方米8 000元计算，共可节省约13万元。

2. 室内空间虽然变小，但庭院却变大了（请记住：庭院变大的重要性并不亚于室内的空间）。

3. 其实面宽再缩减15 cm应该也不成问题，只是考虑到二楼及三楼也会跟着缩小，也许会造成影响，不如让客餐厅就这么稍微宽裕吧！

庭院变大了，当然就要好好加以利用哟：

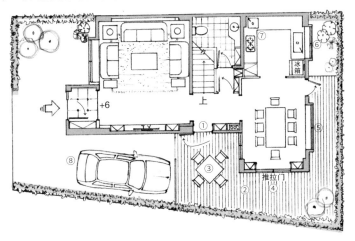

图3-29

①加开一个侧门，方便进出庭院。

②庭院不必全部植栽，因此制作了一个非常舒服的露台。

③可以摆上一组休闲桌椅，在此享用早餐或喝下午茶，不知要羡煞多少人了！

④原窗台矮柜取消，将窗户改为落地门，可直接由餐厅进出露台，同时也让餐厅的视觉延续到绿篱。

⑤将原餐厅的窗户加大并改为附窗台的凸窗，能增加餐厅宽阔感。

⑥厨房水槽前的窗户也改为凸窗。

⑦由于操作台够长，可以在燃气灶旁加做一个水槽，方便往锅里添水。

⑧现在，私家车进出就容易多了。

以上就是"缩小"室内，"放大"室外的例子，缩小了房子绝不是损失，反而是得利。

第 **4** 课
消除走廊

从一个空间移动至另一个空间，一定会经过一个无形的走道或有形的走廊，我们常常可以在电影里看到一些豪宅内出现气派、豪华，既宽且长的长廊，真是令人羡慕啊（图4-1）!

图4-1

可是对于一百平方米，甚至只有八九十平方米的房子，就请打消这个念头吧！在一个不是很宽裕的空间里，怎么可以再浪费这么多面积在走廊上呢？偏偏这种浪费空间的现象，却比比皆是！尤其是长条形的房子，长廊现象更是严重（图4-2）。

图4-2

走廊如何浪费空间呢？

以下几个图例，都是典型浪费空间的走廊或走道。

例（一）（图4-3）：

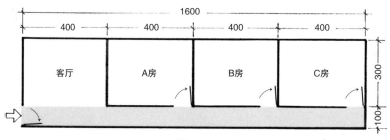

图4-3

总面积 16 m×4 m=64 m²

走廊所占面积为 16 m×1 m=16 m²，为总面积的 $\frac{1}{4}$。

只是为了要通过，竟然浪费了 $\frac{1}{4}$ 的面积，你不觉得太可惜了吗？！

即便把C房的入口改变一下，如图4-4所示：

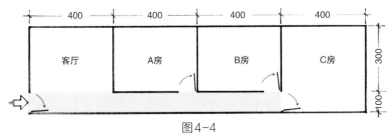

图4-4

其走廊仍占 12 m×1 m=12 m²，约为总面积的 $\frac{1}{5}$，还是属于极度浪费的状况。

例（二）（图4-5）：

以下是二楼的平面图，从一楼上到二楼之后，为了要通往A房及卫生间必须留出大面积的走廊。

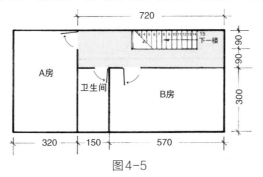

图4-5

例（三）（图4-6）：

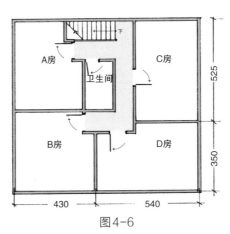

图4-6

前两例都属于较长形的房子，长廊现象当然很容易产生，但例（三）虽是正方形的房子，如果规划不当，仍然会有很多空间浪费在走廊上。

类似的案例实在不胜枚举！

为什么会产生这么多廊道？

简单一句话，就是因为格局规划错误！

本课要谈的就是——消除走廊。

将原本单纯的走道或走廊的空间节省下来，挪作其他用途，让整体配置更加完美，空间变得更大，正是本堂课所要探讨的内容。

针对消除走廊，共有五个方法：

1.改变入口。

2.把走廊融入公共区。

3.公共区设于房子的中央。

4.增加走廊的功能。

5.把数个入口集中。

■ 走廊消除法一：改变入口

图4-3的例（一），就是因为入口位置不对，才会造成长廊现象（图4-7）：

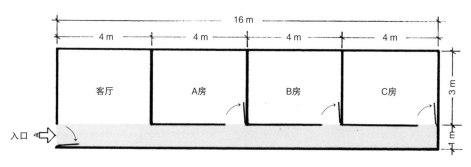

图4-7

只要把C房的入口改变一下，立刻就能缩短走廊的长度，如图4-8所示（走廊变短=C房变大）：

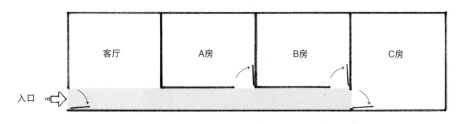

图4-8

可以让走廊变得更短些吗？

当然可以，只需继续运用"改变入口"这个方法，将B房及C房的入口移位，如图4-9所示（C房变得更大了，因为多了一个进入房间前的玄关）：

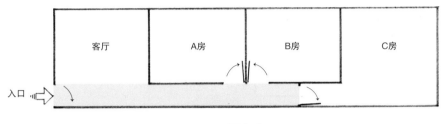

图4-9

如果再把客厅及A房的入口也改变的话，走廊几乎不见了。如图4-10所示（除了B房的面积不变之外，A房、客厅及C房都变大了）：

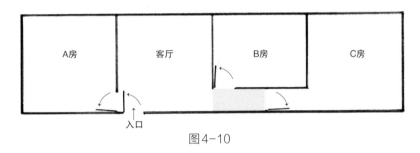

图4-10

再看图4-5之例（二）（图4-11）：

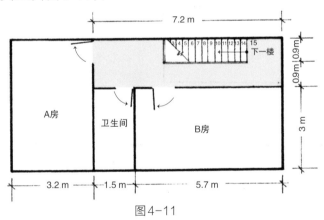

图4-11

这是二楼的平面图，从一楼登15阶楼梯到达二楼，为了要通往A房及卫生间，就会形成一条冗长的走廊。而这个问题完全出在错误的入口位置。

所谓的"入口"，并不单指"门"的入口，

楼梯的出入口，更是不容忽视。

因此，本例的解决方法，共需改变4个入口，而每改变一个入口都能消除部分的走廊。

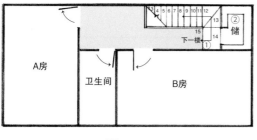

图4-12

第一步，改变楼梯的入口：

将接近二楼的3阶（第12、13、14阶）改为如图4-12所示（有关楼梯的变化在第5课有更详细的解说），则：

①楼梯的出入口转向改变使走廊缩短了。

②多出的空间则可挪给B房用或独自隔出一间储藏室。

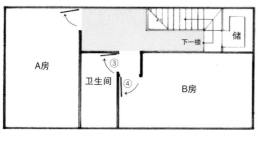

图4-13

第二步：改变卫生间门③及B房的门④，如图4-13所示。

图4-14

第三步：改变A房的门⑤，由于A房的门的改变，可多出⑥的空间做一个储物柜（图4-14）。

终于，我们经由改变入口，消除了大部分的走廊而节省下来的空间，使A房变大了；B房虽然稍为变小些，却换得了一个大储藏室及一个储物柜。

改造前（图4-15）：

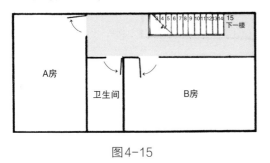

图4-15

改造后（图4-16）：

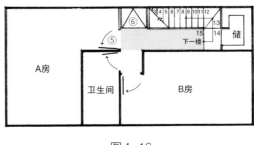

图4-16

接着是图4-6的例（三）。

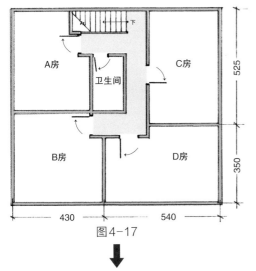

图4-17

本例为二楼的示意图，除了卫生间及楼梯外，另有A、B、C、D四间房间。由图4-17观之可发现有较大的面积浪费在走廊上。

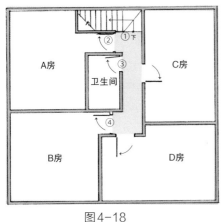

图4-18

我们可以很简单的只改变3个入口，就能减少走廊的面积（图4-18）：

①楼梯入口转向。

②将A房的门右移，可营造出A房的玄关。

③将卫生间的门转向。

④而B房的门右移也可以得到一个B房的玄关，现在走廊的面积不是变小了吗？

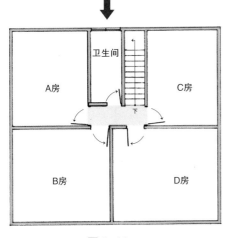

图4-19

但是，如果能够改变6个入口，更可以大大地节省走廊的面积，其好处是每一个房间都变大了，就连卫生间不但空间跟着变大，甚至可以有一扇采光通风的窗户（图4-19）。当然这要做比较大的变动，包括楼梯的改变（详阅第5课）及浴室的位移（详阅第6课）。

总结：改变入口→消除走廊→房子变大。

改变入口这个方法对于消除走廊，实在太好用了，所以再举一例。

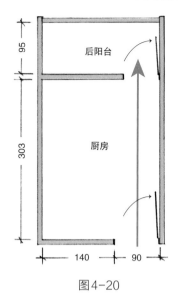

图4-20

图4-20是一个极典型的厨房空间，由于要通往后阳台洗衣、晾衣，必须留出通道，因此厨房的操作台大约只能设计在左半边，如图4-21~图4-23。

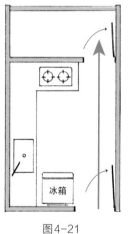

图4-21

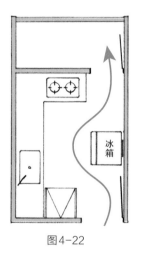

图4-22

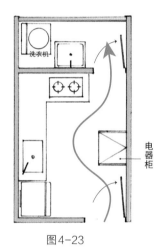

图4-23

上面三图无论是哪一种设计，都是不良的设计：

1. 违反本书第2课所述——没有解决凸出物。

2. 由于出入口的位置不当，浪费极多的空间在通道上。

3. 后阳台摆上洗衣机和水槽（图4-23）后显得拥挤，使用上极为不便。

现在，我们来改变两个入口，看看空间是不是变大了？

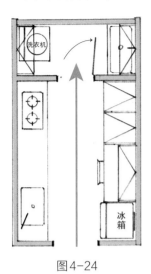

图4-24

图4-24把进入厨房及后阳台的入口都左移至中间：

1. 完全没有凸出物（障碍物）。

2. 后阳台的洗衣机及水槽可分别置于阳台的左右两端，而其上方更可加做储物柜，摆放洗涤剂或洗衣用品，整个空间也变得更宽广舒适了。

3. 可以容纳两组电器柜。

4. 又多了一个工作台，工作台的上方可以加做一个储物柜。

5. 水槽至燃气灶之间的台面面积也变大了，方便切菜、处理食材等。

是不是很容易呢？其实室内设计并没有大家想象的那么困难或是什么高深的学问，只是以前没有人系统、全面地解析室内设计的奥秘而已。

因此，只要你按部就班仔细研读本书，融会贯通后加以举一反三，必能成为很棒的室内设计师。

除了房间入口，大门入口的位置是否恰当，更是影响走道面积的关键，如有很多双联公寓，因为每层两户，所以在公共楼梯间会呈现两户的大门配置，左右各一扇入口大门，如图4-25所示。

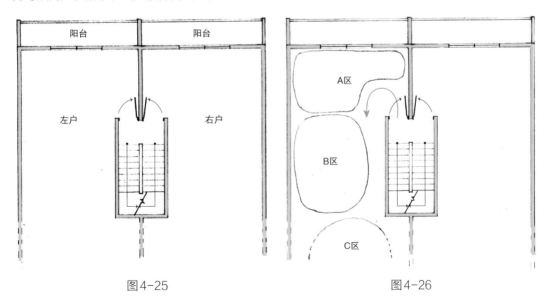

图4-25   图4-26

我们以左户为例，由大门进入屋内（图4-26），必须先经过A区才能到达B区和C区，然而如蓝色所示路径，将大大破坏A区空间的完整性。使A区这个说大不大、说小不小的空间形成破碎的空间。

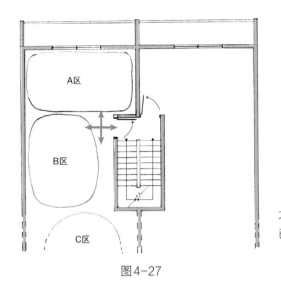

改变入口这个方法这时就可以派上用场了。将大门改向（封闭原入口门），如图4-27所示，利弊已明，无须多言。

图4-27

■ 走廊消除法二：把走廊融入公共区

前几年我与几位好友去瑞士自由行，期间曾入住一间民宿，该民宿为三室两厅一厨两卫的家庭式格局，我一进门就觉得因格局不当而形成一条长廊（图4-28）。

一时技痒，于是当场拿出纸笔，针对不当的格局画了修正的设计图，因为觉得本例很有趣，所以也提供给读者参考。

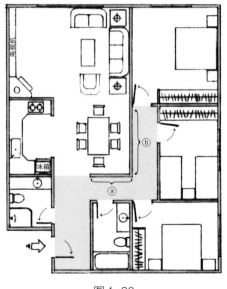

图4-28

本例因为有ⓐ、ⓑ两道隔间墙，才会造成一个Z形的廊道，当初的室内规划者之所以会隔这两道墙，猜想用意是：

1. 用ⓐ墙将餐厅与卫生间门隔开，感觉较卫生。
2. 因为只隔ⓐ墙很突兀，所以加了ⓑ墙。
3. 加了ⓑ墙，可以使卧房更隐秘。

但是，隔出这两道墙，造成的走廊却浪费了不少空间，无论是作为短期出租的民宿或常年居住的自宅都不应该做如此设计，因此接下来我就要用此案例详解消除走廊的第二个方法——"把走廊融入公共区"。

何谓公共区？

客厅、餐厅、厨房、玄关、楼梯间、洗衣间等空间均属于公共区。在公共区内，不会有明显或固定的行进路线，每一个人均可任意、自由地走动。因此若能把走廊融入公共区，则固定的走廊将消失于无形，而原来的走廊空间也就能节省下来挪作他用。

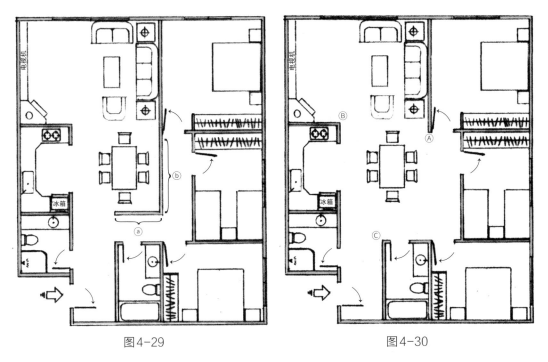

图4-29   图4-30

图4-29为原始隔间，现在我们要将餐厅旁边的ⓐ、ⓑ两道隔间墙拆除，让走廊融入餐厅这个公共区。

在图4-30，我们看不到走廊了，整个餐厅也变得大多了。

可是，问题来了！

1. 餐厅虽然变大了，但却显得大而无当。

2. 卫生间的门变成正对着餐厅，感觉很不舒服。

3. 出现新的凸出尖角ⓐ，ⓑⓒ两处仍在。

4. 餐厅除了餐桌椅，毫无其他功能。

将走廊融入公共区，一定可以让空间变大，但是节省下来的空间如果不加以利用，或不改善周遭的环境或设施，还不如保留原来的走廊。

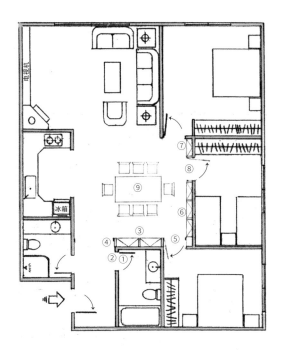

图4-31

因此，有几个地方要有所变动（图4-31）：

①将原卫生间门封闭。

②运用改变入口的方法，将卫生间门改向，解决餐桌面对卫生间门的问题。

③制作餐厅用的储物柜，顺便遮蔽原卫生间的门。

④别忘了加一个门框，以解决③的储物柜的凸出尖角。

⑤将卧房门移出与③齐平。

⑥制作储物收纳柜。

⑦制作储物收纳柜。

⑧将卧房门移出与⑥、⑦两个储物柜齐平。

⑨餐厅的空间仍然够大，因此可以考虑换一张8人座的较大餐桌。

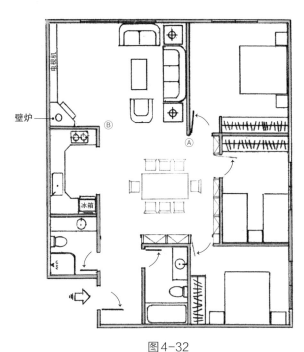

图4-32

现在只剩ⒶⒷ这两大凸出墙角尚未解决了（图4-32），要解决这个问题，则应检视一下其他的空间，顺便一并解决！

1. 厨房是否不够大？

2. 客厅沙发组的摆设是否得宜？

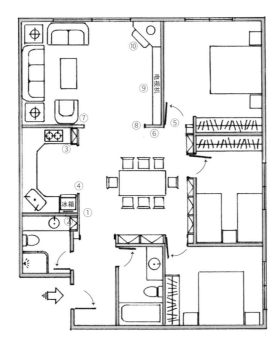

图4-33

解决方法如图4-33所示：

①因为餐厅的空间仍属稍大，所以可将厨房往餐厅方向稍移25 cm，使厨房变大些。

②因为这样的移动，连小浴室也因此得利：在洗脸台右侧可制作一个盥洗用品置物架。

③燃气灶右侧也多了一个空间，可安排一个调味品架。

④别忘了加做一个门框。

⑤卧房门往卧房内移一些，与厨房的隔间墙成一直线。

⑥增加一小段隔间墙，解决了图4-32Ⓐ凸出墙，同时也营造出凹陷区以容纳电视柜，避免电视柜成为凸出物。

⑦延续厨房的隔间墙再增加一小段，解决图4-32Ⓑ凸出墙角。

⑧别忘了加做一个门框。

⑨将电视柜与沙发组左右对调。

⑩壁炉也因为与电视柜一起，调至右上角，使暖房效果更佳，暖气更容易到达餐厅。

以上方法同时也复习了第1课"隔！才会变大"、第2课"解决凸出物"、第3课"缩小"。

像这样，将走廊融入公共区使空间变大，再将多出的空间加以调整、利用，以达更佳配置、更多功能，这才是更完美的设计。

同样，这个案例我们也可以有不同的设计方案：将走廊融入公共区及改变入口两种方法一并运用（图4-34）。

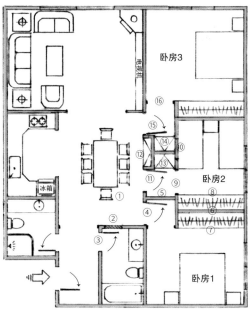

①拆除原走廊的隔间，使走廊融入公共区。

②封闭与餐厅正对的卫生间的门。

③运用改变入口的方法将卫生间的门移至此处。

④卧房1的房门改向并移位。

⑤加做隔间墙，以区隔卧房1与卧房2。

⑥更改卧房1与卧房2的原隔间墙，也就是缩小卧房2的空间。

⑦腾出的空间就可制作卧房1的衣柜，解决了原衣柜的凸出。

⑧制作卧房2的衣柜（此衣柜与原床位置互换）。

⑨打墙，以便进入卧房2。

⑩将原卧房门封闭。

⑪卧房2的房门改于此处。

⑫制作餐厅用的餐边柜。

⑬、⑭卧房2与卧房3均各自有行李箱储物柜。

⑮卧房3的房门改至此处。

⑯别忘了加一个门框以解决凸出物。

图4-34

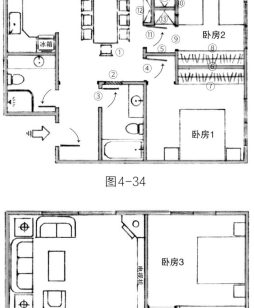

这样的设计，其好处是（图4-35）：

1. 每间卧房都各自有一个玄关（三个蓝色区），使卧房的隐私性大为提升。

2. 多了3个储物柜。

3. 不但解决了卧房1的衣柜凸角，连衣柜也变大了。

4. 卫生间的门也不再直对餐厅了。

图4-35

改造前（图4-36）：

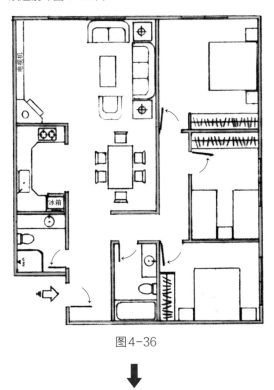

图4-36

改造后1（图4-37）：

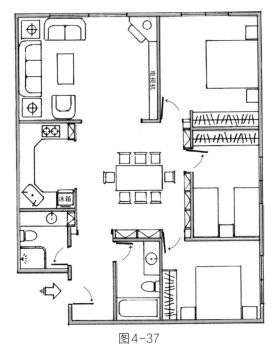

图4-37

改造后2（图4-38）：

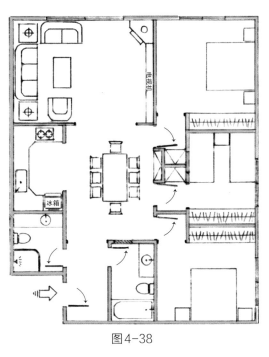

图4-38

我有一友人在距离日本东京最繁华的银座地区仅需搭乘三站地铁的丰洲地区买了住宅大楼的其中一户。其附近生活功能之便、环境之优，附近实在找不到什么地方能与其匹敌，而室内使用的建材五金各项设备也是品质一流，只可惜，室内格局并不是很理想，现在正好将它当成案例予以剖析（室内70 m² 外加阳台4.3 m²），如图4-39所示。

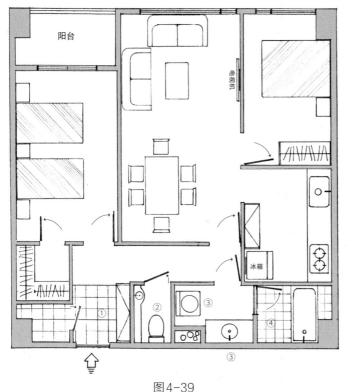

图4-39

本例为日本非常典型的2LDK1公寓住宅的格局，介绍如下：

①入门之后一定有一个玄关及鞋柜。

②卫生间通常会设置于靠近大门旁边或附近[2]。

大部分的日本民宅在20世纪80年代就已经采用干湿分离的卫浴设备，即坐便器、洗脸台、浴缸各自独立。

③洗面室通常会预留放置洗衣机的空间。

④除非是大户人家，否则一般家庭的浴室仅一间全家共用[3]，不像我们的住宅动辄两三套以上的卫生间。

1　2LDK：2是指房间数；L 为 Living Room（卧房）；D 为 Dining Room（餐厅）；K 则为 Kitchen（厨房），所以 2LDK 即指 2 室 1 客厅加餐厅、厨房，以此类推则有 3LDK、4LDK 等。

2　日本的房屋大多狭窄，想要不洁的卫生间远离生活中心，加上为求排水顺畅，通常会将卫生间放置在靠近屋前下水道的大门附近，这样的概念、习惯至今仍沿用在大楼公寓的设计上。其中除了意味着卫生间应远离屋内生活中心，也避免访客或工作人员为借用卫生间而必须穿越客厅、餐厅甚至厨房，看尽家中隐私的窘境。另一个好处是对于下班、下课回家的人能更快速到达卫生间（如果非常急的时候）。

3　日本人喜欢泡澡，一池浴缸的水是全家人共为浸泡，既然是共用一缸水轮流泡澡，就不需要2间浴室了。外加日本的民宅面积相对较小，除非大户人家，否则一般家庭也不太能挪出空间再盖一间浴室。

不好意思，能借个卫生间吗？

现在言归正传，原来的室内格局到底有什么问题呢（图4-40）？

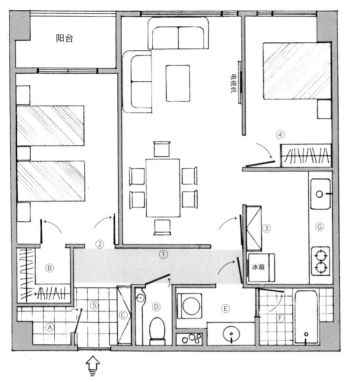

① 为了不要让卫生间的门直冲餐厅做了一道隔间墙，但却形成了一条走廊（蓝色区）（4.6 m×0.95 m=4.37 m^2），这跟上一个瑞士的例子很像。

② 这是最糟的——卧房门正对着入口大门，姑且不论是否泄露隐私，光是无法睡得安稳，就不应如此设计了。

③ 厨房的空间运用不佳、功能不够，同时也造成凸出物（食器柜与冰箱）。

④ 客房内凸出尖角的衣柜，仍是束手无策吗？

⑤ 收纳柜功能太少！除了大门入口左侧有一间小储藏室Ⓐ及右侧玄关鞋柜Ⓒ外，几乎看不到有什么收纳柜。

图4-40

当然，原本的规划也不是一无是处，好的地方我们也应该给它点个赞，例如：

Ⓐ入门玄关左侧预留了一个储藏室，收纳量应该不少，甚至连婴儿车都摆放得下。

Ⓑ卧房内预设了衣帽间，是很好的规划，只是稍嫌小了些。

Ⓒ玄关也留有鞋柜的空间。

Ⓓ坐便器与浴室分离，可同时让两人分别使用坐便器与浴室。

Ⓔ洗脸台旁放置洗衣机，淋浴前脱下的脏衣服可直接丢入洗衣机，是极为方便的设计。

Ⓕ浴室内设有排风、凉风、干燥等多功能暖风机，对于多雨天气时衣物的烘干有非常好的效果。

Ⓖ操作台的水槽附有厨余垃圾处理器，燃气灶更是安全性非常高的温控三眼燃气灶（在日本的民宅若装有此类燃气灶者，其火险费有折扣）。

现在我们运用"把走廊融入公共区""改变入口""隔！才会变大"及"缩小"等方法重新规划本例（图4-41）。

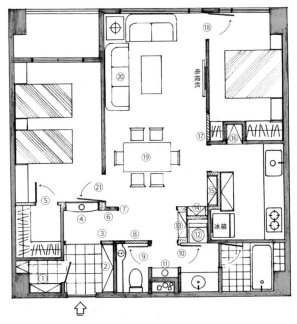

图4-41

①玄关左侧的储藏室内制作两组置物架。

②玄关右侧制作一个鞋柜。

③制作一小段墙面，同时安装一门框，以便解决鞋柜的凸角。

④将卧房门拆除，同时将卧房往床的方向稍微缩小些，则可制作一个端景柜兼拖鞋柜。

⑤因为卧房缩小，相对的衣帽间就可变大些。

⑥保留一小段墙面（将原通道大部分的隔间墙拆除）。

⑦就可以制作一个大门框，让原本的走廊融入餐厅这个公共区。

⑧将原卫生间的门拆除并予以封闭。

⑨将卫生间的门改至此处则可避免卫生间门正对着餐厅。

⑩浴室门也移位改向。

⑪可腾出空间再做一个端景柜，不论是从客厅或餐厅看过来都只会看到这美美的端景柜。

⑫洗衣机移至此处（仍处于洗面室内，方便脱、洗衣物），洗衣机的上方亦可加做置物架，可放置盥洗用品。

⑬隔开洗衣机可制作一个储物柜或端景柜。

⑭因为洗衣机不需要那么深的空间，因此可以挪出一些空间，制作一个属于餐厅用的餐具玻璃柜。

⑮缩小一些厨房的空间，将原厨房的隔间墙调整一下，又多了一个餐厅的餐具玻璃柜，而其背面的食器柜就正好可与冰箱平整摆放。

⑯同样地改变厨房与小卧房之间的隔间墙，就可以多出一个电饭锅、烤箱等电器柜。

⑰将原小卧房门封闭，则增加衣柜的容量，并且解决了原衣柜的凸出尖角（改变入口）。

⑱将小卧房门改移至此，则使整个卧房变方正。

⑲将餐桌椅转个方向，让空间的运用更好些。

⑳原本客厅只有2张两人座沙发，现在已可容纳得下"2+3"人座沙发组了。

㉑主卧房改由餐厅处进出，解决了卧房门直冲大门的不安全感。

综合"把走廊融入公共区""缩小""改变入口""隔！才会变大""解决凸出物"5个方法，就能使空间变大，从而获得更多的收纳空间（图4-42、图4-43）。

改造前

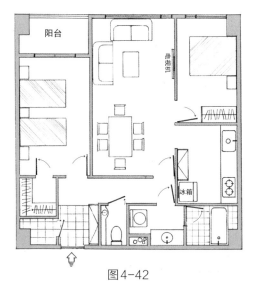

图4-42

改造后

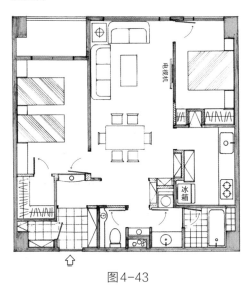

图4-43

再举一间22 m长的长条形房子的例子，长廊现象非常严重（图4-44）。

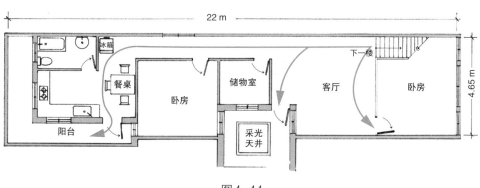

图4-44

针对本例，我不再一一说明，请读者仔细观察究竟用了哪些方法解决了长廊的问题（图4-46）？

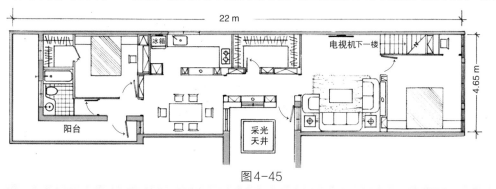

图4-45

■ 走廊消除法三：将公共区设于房子的中央

图4-46是一个长条形的房子，可以看到要到达卧房2需通过一条很长的走廊。

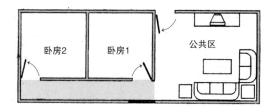

图4-46

运用前面学到的"走廊消除法一：改变入口"，我们可以将卧房2的入口改为如图4-47所示，则卧房2变大了，走廊变短了。

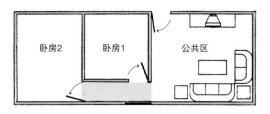

图4-47

走廊当然还可以更短，如图4-48所示，把卧房2的门往客厅方向移一些，就可以使原本的走廊变得更短，这在第85页已有类似的说明。

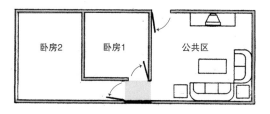

图4-48

但是如果条件允许的话，将公共区域设于房子中央才是真正能彻底消除走廊的最好方法——完全看不到走廊（图4-49）。

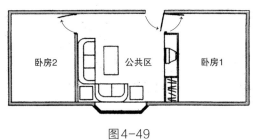

图4-49

■ 走廊消除法四：增加走廊的功能

走廊——

难道只是作为行进通过的空间而已吗？

难道不能有多一点的用途吗？

难道都只是窄窄的一条无聊的通道吗？

即便无法消除，难道不能改变它的样貌，使其不被认为是一条通道？

我们先来看一个常见的例子（图4-50）。

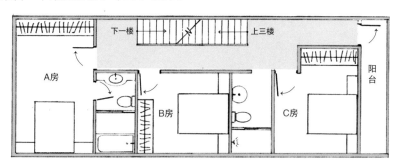

图4-50

图4-50为小型独栋房二楼的格局，看似没什么不妥，但是为了要通往各房间及阳台，而留下这么长的走廊空间，各位不觉得很浪费吗？

这不只是浪费空间，更是一个无趣的走道！

类似本例的格局极为常见，若能稍为修改，即可创造出甚多的功能，使空间被充分利用，让这一长条的闲置空间"活化"，让走廊成为可以利用的空间，而不只是通道而已。

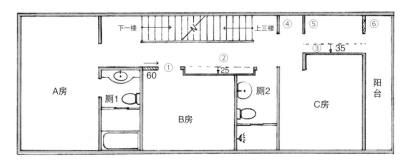

图4-51

首先要改动一些隔间墙（图4-51）：

①将B房的入口右移60 cm。

②运用第2课"缩小"的方法将B房及厕2隔间墙稍微向下缩小25 cm。

③C房的隔间墙也向下缩小35 cm。

④再如图依次制作④、⑤、⑥3个隔间墙。

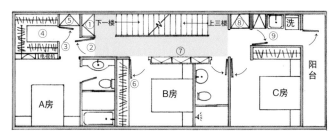

图4-52

接下来，我们就可以如图4-52所示制作：

①储物收纳柜——因为楼梯口剩下太多空间。

②将A房门移至此处。

③制作衣帽间同时营造出A房的玄关。

④衣帽间。

⑤储物柜。

⑥B房由于入口右移，不但衣柜变大且解决了原本衣柜凸出尖角的问题。

⑦置物摆饰柜增加了强大的收纳功能，使走廊不那么单调。

⑧收纳柜。

⑨洗衣间含置物架、水槽、洗衣机，让原本单纯通往后阳台的走廊变成一个实用的空间。

图4-52的①、⑦、⑧、⑨都是增加走廊功能的具体表现，另外你注意到走廊也变短了吗？

再看另一个例子：

这是三层独栋房的二楼平面图，一般而言，长廊都存在于长条形的房子，本例为4.25 m×18.45 m的房子，确属狭长，形成长廊也是必然（图4-53）。

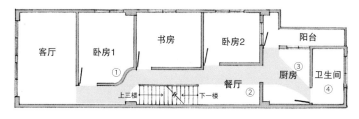

图4-53

随便怎么看都能看出有很多的空间浪费在走道上，除此之外，由于隔间墙的错误也会产生许多的问题：

①在卧房1做出一个S形的隔间墙，其目的当然是为了让走道圆顺，但却大大影响了卧房内的家具摆放，就算舍弃S形改以斜墙也不是解决之道。

②餐厅的空间过小，又要留出部分面积作为通道，餐厅已不可称为餐厅了。

③厨房的通道将厨房的空间分割成两个三角形，严重破坏厨房的完整性。

④卫生间设在房子最边端非常不恰当，每次进出卫生间都必须经过厨房，极为不便与尴尬，也不符合卫生原则。

将格局全部调整，再增加一些走廊的功能就可以完全改观（图4-54）：

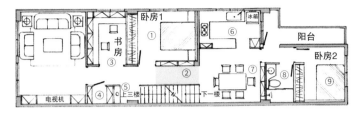

图4-54

①将卧房1与书房对调。

②卧房外制作一个展示储物柜以增加走廊的功能，使行经楼梯旁的过道变得有趣，在不知不觉中就已通过。

③书房属于公共区，所以不必加门，并将开口加大，不会造成拥挤感。

④制作一个储藏室。

⑤在楼梯口也可做一个端景柜。

⑥厨房移到原卧房2处，可以得到一个功能完整且较大的厨房。

⑦餐厅几乎放大了一倍，且又多了一个储物柜。

⑧将卫生间改至原厨房的位置。

⑨卧房2移到原卫生间处。

因为公共区配置得宜，走廊只剩下一小段（蓝色区域），但此区域又因为制作了储物柜，增加走廊的功能，使得通道变得有趣，整个空间的狭长感也随之消除，让人在其中活动时，并不觉得有走廊的存在。

请比较改造前和改造后。

改造前（图4-55）：

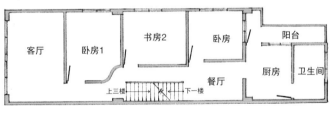

图4-55

改造后（图4-56）：

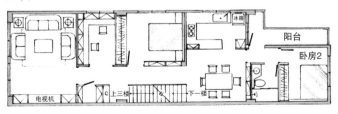

图4-56

再举一例，此例是为了要区分公共区与房间区而做了一道隔间墙，却造成蓝色区全部都是走廊（图4-57）。

图4-57

理论上走廊是闲置空间，不可以摆放任何物品，可是这么大面积的走廊就这么白白地浪费吗？

当然不可以！我们可以将空间做以下的调整，来消除这道长廊（图4-58）：

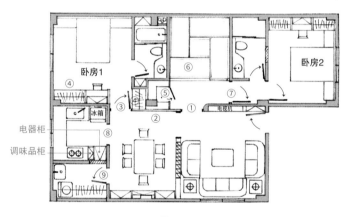

图4-58

①拆除部分隔间墙，并加作一个门框。

②木制隔间墙。

③卧房1的门移至此处，形成一个卧房的玄关。

④制作卧房1的衣柜及书桌。

⑤运用第2课"解决凸出物方法五：包起来"的方法设置一个储藏室，把柱子藏匿起来。

⑥原客房改为和室，让视觉更开阔。

⑦加做一个卧房门，卫生间就成为公共及套房两用的卫生间。

⑧再运用"走廊消除法一：改变入口"的方法，将厨房的入口下移，可获得更多空间，以应付厨房设备之需。

⑨阳台的出入口移位，厨房内打造电器柜及调味品柜。

■ 走廊消除法五：把数个入口集中

在谈论这个方法之前必须先了解一个非常重要的概念：

在每一个空间进出，或从一个空间进到另一个空间，都会产生所谓的动线，而这个动线绝对影响空间的变化（图4-59）。

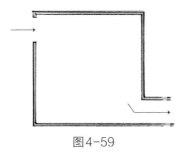

图4-59

像这样的出入口位置，必然会造成如图4-60的动线，而这样的动线势必会将完整的空间分割成两个三角形。

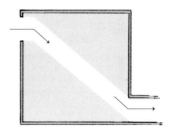

图4-60

或者是分割成两半，造成两半不大不小的空间，如图4-61所示。

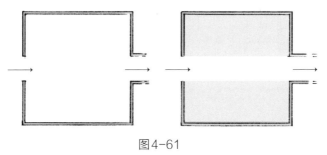

图4-61

还有更糟糕的情况如图4-62所示，客厅可用面积为4个半圆形。

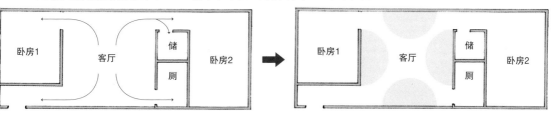

图4-62

如果您以为这样的动线从客厅到任何一个空间都很方便的话，那就大错特错了！

因为：

原本方正的客厅会受动线影响，切割成4个半圆形的小块面积分散在四边，结果蓝色区域完全不知如何使用。

因此应该改变动线，避免过道破坏空间的完整性。见图4-63~图4-65。

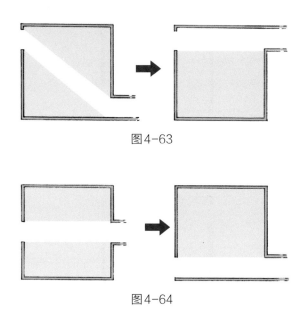

图4-63

图4-64

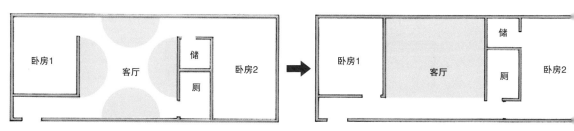

图4-65

现在举实际的例子如图4-66所示。

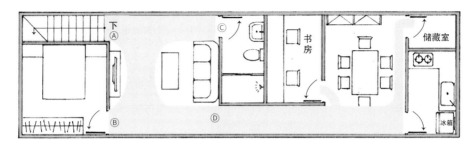

图4-66

图中蓝色区块都是为了要进入另一个空间而形成的走道,而这么多的走道面积实在太浪费了!为什么会这样呢?因为有太多出入口,总计多达7个,尤其是Ⓐ、Ⓑ、Ⓒ、Ⓓ这四个出入口是最大的败笔,您可能会说:这些出入口都有其必要啊!没错!所以出入口多少显然不是问题。

关键在于——出入口过于分散!

如果能把这些出入口尽量集中在一起,必能大大减少走道的面积!在谈解决方法之前,先来分析一下本例的缺点(完全没有优点可谈),如图4-67所示。

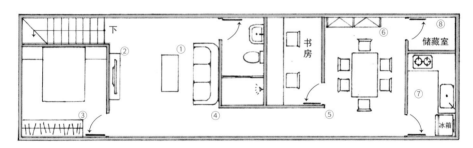

图4-67

①过多的通道造成客厅只能摆上一张3人座的沙发及电视柜。

②电视矮柜是凸出物。

③、④、⑤、⑥也都是凸出物。

⑦厨房空间太小没有容纳电器柜的空间。

⑧要抵达储藏室极为困难。

解决的方法,就是将出入口集中,我们可能无法将7个出入口全部集中在一起,但是能凑在一起的就尽量做吧(图4-68)!

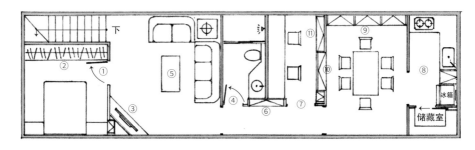

图4-68

①将卧房出入门移至靠近楼梯口旁，再把床及衣柜的位置对调。

②衣柜的容纳量顿时多出约1/3，且消除了凸出物。

③电视柜移至角落，电视柜不但变大了，原凸出的问题也解决了。

④将浴室门移至此处，同时浴室内设备也做了调整。

⑤现在客厅可多摆放一张两人座沙发及角落的小茶几。

⑥运用"走廊消除法四：增加走廊的功能"缩小一些浴室和书房的空间，制作一个收纳展示柜。

⑦将书房入口移至此处并采取开放无门的方式，以避免过于封闭。

⑧将厨房与储藏室对调，储藏室稍微缩小些，厨房就多了一个电器柜，厨房不需装门，至于储藏室则可加做一扇拉门。

⑨原本在餐厅的储物柜是一个凸出物，现在也解决了，而且还多出1/3的收纳空间。

⑩挪用书房一点空间作为餐厅的餐具摆饰柜。

⑪书房顺势增加两个书柜。

由于我们运用把数个出入口集中这个方法将卧房门与楼梯口（楼梯口也是一种出入口）靠在一起，卫生间门与书房门比邻而设，厨房门更是与储藏室门贴近，使得走道的面积顿时减少很多，如图4-69所示。

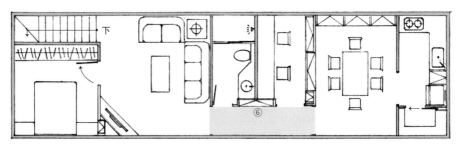

图4-69

因为客厅与餐厅均属于公共区，所以融入公共区的走道不能视为走道，仅剩卫生间与书房外一小段才有走廊的感觉，但又因为走廊的沿途有收纳展示柜⑥，使得在通过这一小段走廊时，不会感觉无趣。

只要功能变多了，凸出物不见了或空间变大了，那都是因为消除了走廊或走道的结果。

本例还可以有更好的规划：

因为本例只有一间卧房，若能将浴室调至卧房旁，那就可以设计成一间套房。然后再将整个配置上下翻转，如图4-70所示。

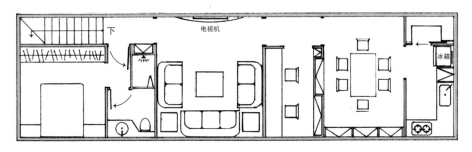

图4-70

这样的设计虽然在装修工程上较为麻烦，但是一劳永逸：

1. 成就了一个极为方便、舒适、干湿分离的套房式卫生间。

2. 客厅原本只能摆放"2+3"人座的沙发组，现在已经是"2+3+2"人座的沙发组。

3. 在动线上行进的路径变得更短了。

4. 走廊完全融入公共区，几乎看不到走廊。

看一下改造前和改造后的差别吧（图4-71、图4-72）！

改造前：

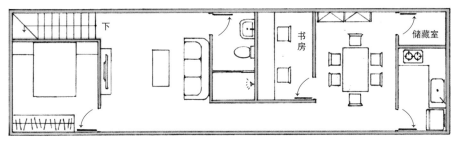

图4-71

改造后：

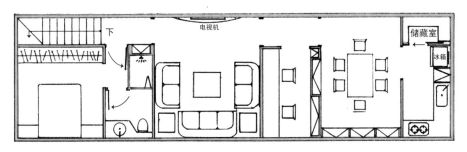

图4-72

第5课
调整楼梯

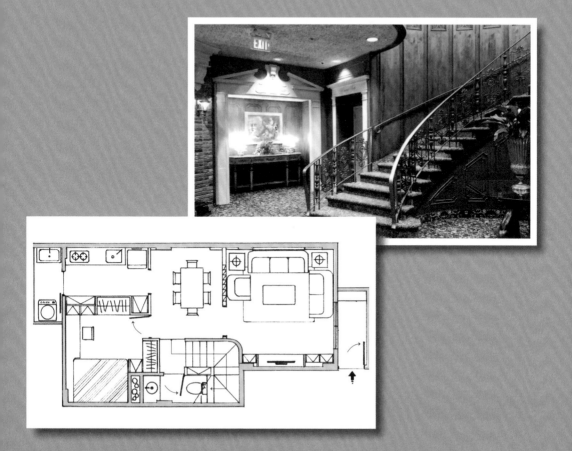

这可能是本书较难理解，却最有趣的一堂课。

一幢房子除了一层平房外，只要是两层以上的房子必定会有楼梯。无论是何种形式的楼梯，它都是一个体量极大的构造物，所占据的空间很多，同时也是一个固定的结构体，不像钢琴或五斗柜之类，可以随意搬动更换位置。因此楼梯的位置、形式、阶数在室内格局上就成为极重要的课题！其中以楼梯的位置最为根本，因为一个摆错位置的楼梯，将大大影响上下两层楼的空间！

如果您要自己盖一幢两层或三层楼的独栋别墅，在一开始设计时就要仔细地考虑楼梯的位置，以免浪费了上下两层的大好空间。

如果您要买现房，则楼梯的位置、形式已是既成事实，那么您看得出来这座楼梯是恰当的吗？就两层楼的房子而言，因为楼梯位置的错误造成每层面积浪费也是常有的事，如果两层就浪费1平方米，在高房价的今天，浪费1平方米就等于浪费几万甚至十几万元。

也许有人认为：浪费就浪费吧，反正不差那些钱。

关键在于这些浪费的空间百分之百会挤压到邻近的空间，而造成邻近空间的不足，这才是大问题！

如果您买的是预售房，请先检查楼梯位置是否恰当，在不影响建筑结构及外观的情况下，预先调整楼梯的设计，但先决条件是，您应该具备判断楼梯位置合适与否的能力。

所以请赶快学习调整楼梯这一课吧！

在开始谈调整楼梯之前，我们要先了解常见的楼梯形式、长度与宽度对空间的影响。

■ 楼梯类型

一、直线型

例（一）：

以层高为300 cm，每阶楼梯高度为20 cm，踏面宽度为25 cm为例（图5-1）：

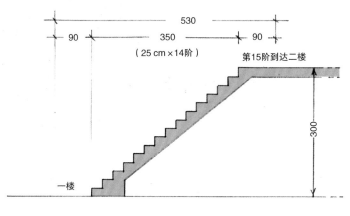

图5-1

则楼梯本身将有350 cm的长度，若加上第1阶及最后1阶（第15阶），前后各需留出90 cm的闲置空间[1]（图5-2蓝色标示区），则共需530 cm的长度（图5-2）。

1　闲置空间是指在该空间内不得放置任何物品，以免阻碍通行，例如楼梯口、卧房门附近、玄关、走道等均为闲置空间。

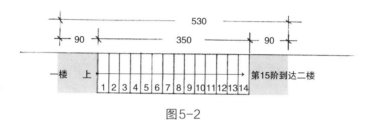

图5-2

如果层高越高，则需更多台阶才能到达楼上，而阶数越多楼梯就会越长，占用的空间就会越多。

例（二）：

同样以楼高300 cm为例，每阶高度仍为20 cm，但踏面宽度改为21 cm（图5-3）。

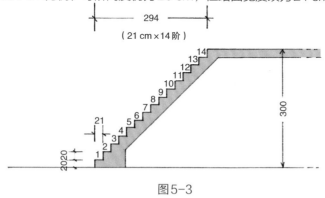

图5-3

则楼梯只需294 cm长，显然比踏面宽度为25 cm时所需的楼梯长度350 cm足足少了56 cm，但是要注意的是踏面宽度变少楼梯就会变得较陡，上下楼梯都会比较吃力并且存在危险。

例（三）：

若踏面宽度维持在25 cm，但将台阶高度改为23.07 cm，则第13阶即可到达二楼（图5-4）。

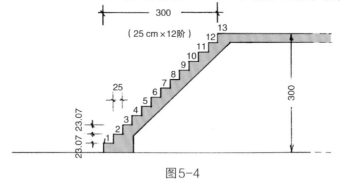

图5-4

因为台阶数少了两阶，当然楼梯也变短了，楼梯变得越短，占用一楼地板面积就越少。这样虽然很好，但是安全更重要吧（台阶高度越高越难爬？）。因此建议仍以台阶高度20 cm以下，踏面宽度25 cm为宜。

由于直线型楼梯的长度比较长，受限于空间的不足，所以常会有L形或折返型楼梯的设计（以下均以台阶高度20 cm，踏面宽度25 cm为例）。

二、L形

例（一）：

爬上第4阶后右折向上，则后面10阶长度共250 cm，楼梯长度可缩减至340 cm（图5-5）。

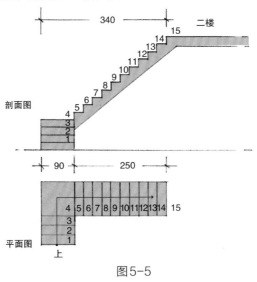

图5-5

例（二）：

若下半部分（靠近一楼的部分）规划较多阶梯数如图5-6所示。

在第7阶向右折向上；则楼梯长度可缩减至265 cm。

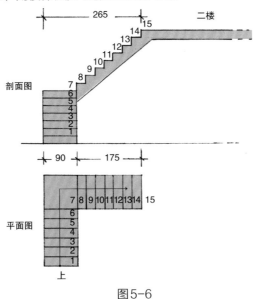

图5-6

下半部分阶梯数较多，则接近二楼的楼梯占用二楼空间就会减少，对二楼而言虽有利，但相对的一楼就要牺牲掉更多的空间，如何取舍呢？那就要视实际的空间而定。

三、折返型

例（一）：

同样以层高为300 cm，每阶高度为20 cm，踏面宽度为25 cm，楼梯平台宽90 cm为例：折返型与L形有点类似，只是折返型是180°回转向上，而L形则为90°右转（或左转）登二楼（图5-7）。

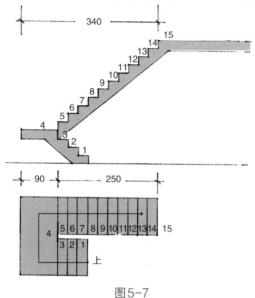

图5-7

例（二）：

同样是15阶的楼梯，也可以是如此的规划：

例（二）的下半部阶梯数有7阶（含平台），所以占用到一楼的空间也较多，但二楼的可利用空间反而较多，例（一）反之，如何取舍视一楼或二楼的需求而定（图5-8）。

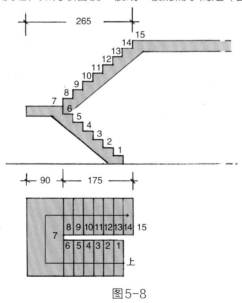

图5-8

■ 楼梯扶手

接着我要谈楼梯的扶手。

楼梯的扶手各式各样，材质用料种类繁多，但这些都不是我要谈的重点。

因为材质好坏完全与空间无关，所以楼梯扶手也不会因为使用高级材料就使空间变大，唯一影响空间的是扶手的造型，一般常见的扶手就是栅栏式扶手。

无论是木制扶手或铁制扶手，这类扶手都存在着横、竖、斜三种线条，这三种复杂的线条一直被我们忽视，造成居住空间的复杂感（图5-9）。

图5-9

但是，居住在小面积住宅的我们能这么做吗？

先不说制作这类豪华楼梯的费用可能比装修您家房子还贵，光是空间面积就不允许这么做。

好，撇开这种豪华楼梯不谈，针对一般住宅的楼梯而言，也许您会说：栅栏式的扶手有什么问题呢？它不是很有视觉穿透延续的效果吗？

正因为视觉穿透良好，才凸显了至少三种不同材质及横、竖、斜三种线条混在一起的复杂状态。

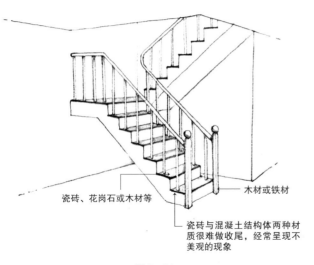

图5-10

另外还有4个问题（图5-10）：

1. 无论是木制扶手还是铁制扶手，其造价均不便宜。

2. 为了固定栏杆，必须占用约10 cm的楼梯宽度，意思就是楼梯会变窄。

3. 清洁扶手立柱必须一根一根擦拭，费时费力。

4. 楼梯侧壁面太少，而且是锯齿状的壁面。

瓷砖、花岗石或木材等

木材或铁材

瓷砖与混凝土结构体两种材质很难做收尾，经常呈现不美观的现象

如果换个思考方式，将扶手改为如图5-11所示如何？

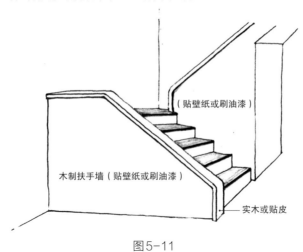

（贴壁纸或刷油漆）

木制扶手墙（贴壁纸或刷油漆）

实木或贴皮

图5-11

我们将栏杆式扶手拆除，改以木作方式制作全包覆式的扶手，为了让楼梯感觉宽阔，可将扶手高度放低，则在上下楼梯时，其开阔感更加明显。

这种设计有许多好处：

1. 使楼梯造型简单化，无太多横竖线条。

2. 施工容易，造价便宜。

3. 增加楼梯侧壁面，给人安全、稳定的感觉。

4. 视觉穿透效果更佳。

5. 阶梯边缘的收口可以非常完美，如图5-12所示。

6. 楼梯宽度不会变窄。

7. 简化清洁工作。

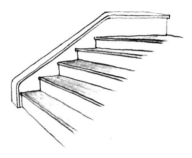

图5-12

您也可以全部改成木制隔间墙，增加墙面以供悬挂装饰画或做其他用途（图5-13）。

图5-13

了解了楼梯的基本概念后要开始谈如何调整楼梯了。

■ 调整楼梯的方法

一、改变楼梯的形式

例（一）：

由图5-14可知：为了上二楼，必须在第一阶楼梯前留下边长约90 cm的方形闲置空间（蓝色区）。

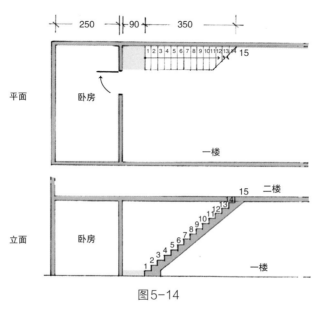

图5-14

然而，闲置空间仅如此而已吗？为了要进入卧房，卧房门外至少还需要留下边长约90 cm的方形闲置空间（红色区），如图5-15所示。

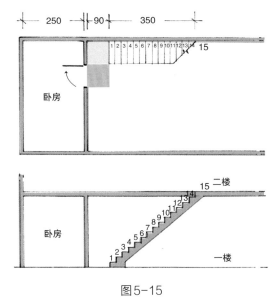

图5-15

那么蓝、红这两色区域显然重复浪费，利用"改变楼梯的形式"这个方法可以解决这种空间浪费。

现在，我们把第1阶放大：将原本的踏面宽度25 cm放大到踏面宽度90 cm，如图5-16所示。

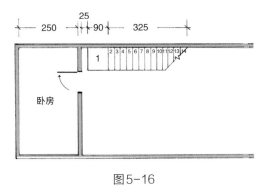

图5-16

第1阶放大了之后，上下楼的入口就可以变成如图5-17所示。

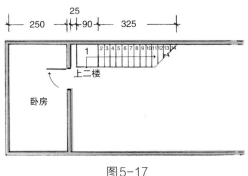

图5-17

这时卧房的隔间墙就可以往楼梯靠拢（图5-18）：

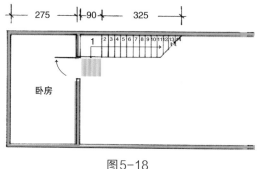

图5-18

现在一楼卧房加宽了25 cm成为275 cm，因为只需一个闲置空间即可进入卧房或上下楼（红蓝两色重叠在一起）。

如果我们希望卧房再大些，那么再把楼梯调整一下：

将第1阶梯及第2阶梯合并，并分割成两个三角形，则楼梯总长可再缩减，使得卧房又可增加25 cm宽，如图5-19所示。

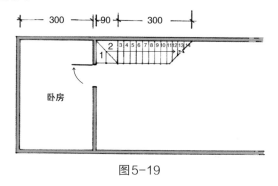

图5-19

现在比对一下图5-14，可知一楼的卧房增加了50 cm宽，可别小看这50 cm，它可以做一整排的衣柜喔！

当然我们还可以进一步让卧房再大一些，只要把第1阶梯延伸出来即可，如图5-20所示。

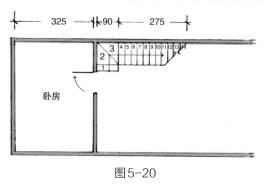

图5-20

卧房马上由300 cm变成325 cm，只要按照这个方法继续延伸就可以让卧房变大再变大。但要注意的是会挤压到卧房外的空间，是否能无限制地扩增，就要慎重考虑了！

为了方便了解，我们把前几页的图排列如下（图5-21~图5-24）：

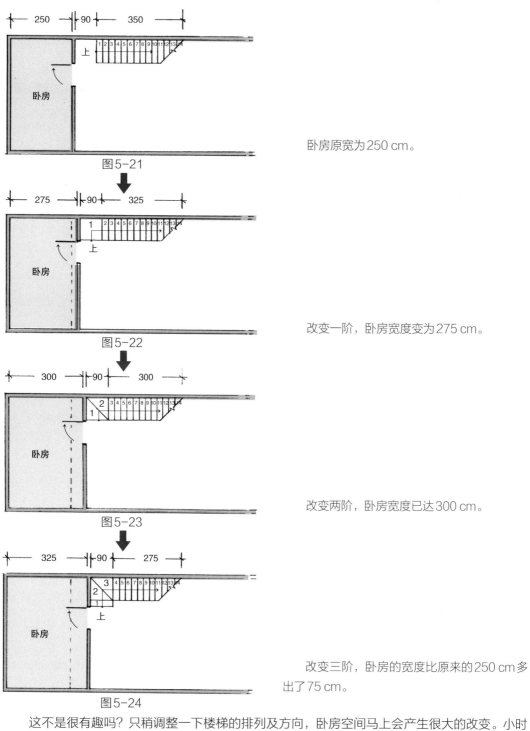

卧房原宽为250 cm。

图5-21

改变一阶，卧房宽度变为275 cm。

图5-22

改变两阶，卧房宽度已达300 cm。

图5-23

改变三阶，卧房的宽度比原来的250 cm多出了75 cm。

图5-24

这不是很有趣吗？只稍调整一下楼梯的排列及方向，卧房空间马上会产生很大的改变。小时候你应该玩过积木吧！楼梯也可以视同积木，看你怎么拼装、堆叠，很好玩的。

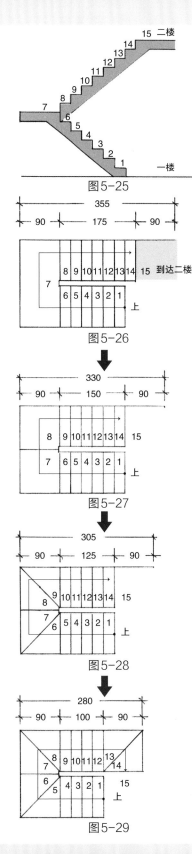

图5-25

图5-26

图5-27

图5-28

图5-29

按照前例的概念，当然也可以设计折返型楼梯，图5-25为：由第1阶登至第7阶平台，右折往上于第15阶到达二楼的剖面图。

在第15阶附近将会有约90 cm×90 cm以上的面积为闲置空间（蓝色区），而楼梯总长为90 cm+175 cm=265 cm（图5-26）。

从图5-27开始就是每一次的阶梯变化及其效果。

在第7阶平台一分为二，将第8阶移至平台，则楼梯总长为90 cm+150 cm=240 cm，较原来的总长少了25 cm（图5-27）。

这意味着二楼的面积变大。

在第7、第8阶又各割出一半的面积，变成第6阶及第9阶，则楼梯变得更短了，连靠近一楼的部分也由原本的6阶变成5阶，对一楼而言，可用面积更多了，二楼可用面积当然也跟着变多（图5-28）。

在快抵达二楼的第13、14阶改成如图5-29所示，则楼梯的长度变成280 cm，比图5-28更节省空间。

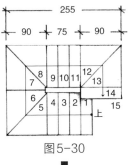

图5-30

再将第12、13、14阶改变一下，楼梯长度就仅有255 cm，楼梯越短代表可使用的空间越多（图5-30）。

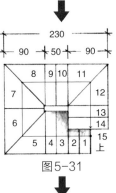

图5-31

还可以再短，如图5-31所示。

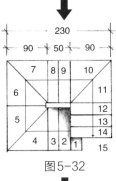

图5-32

若如图5-32所示的变化，一楼可使用空间会更多些。

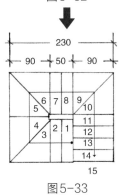

图5-33

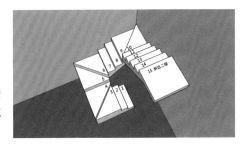

图5-33就如同旋转楼梯（如右图）一般，一楼或二楼都节省了相当多的空间。

这就是调整楼梯会使空间变大的奥秘。

例（二）：卫生间旁有一个楼梯可登二楼，而卫生间门正对着厨房燃气灶，会有一种不卫生的感觉。如图5-34所示。

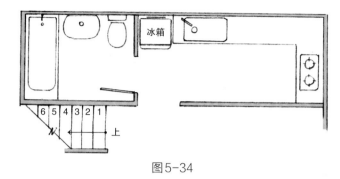

图5-34

解决方法：

如果把卫生间门封闭改由楼梯这边进出，虽然解决卫生间正冲厨房的问题，但会如图5-35所示，进出卫生间很可能会踢到楼梯第1阶的尖角。

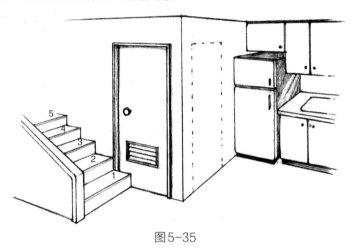

图5-35

采用本堂课的第一个方法"改变楼梯的形式"将第1阶放大成一个小平台，反正第1阶前本来就是闲置空间，这只是把闲置空间拿来运用而已（图5-36）。

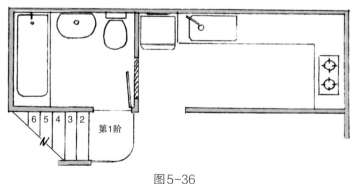

图5-36

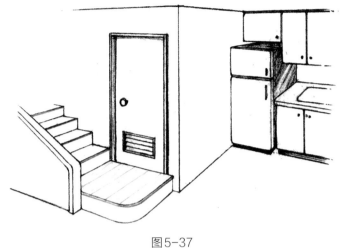

图5-37

由于放大了第1阶，使得卫生间门变得很完整，也解决了卫生间正冲厨房的困扰（图5-37）。

例（三）：这是三层独栋别墅的二楼平面图（图5-38）。

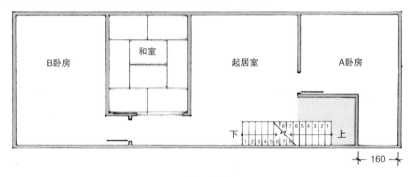

图5-38

如图5-38所示，你可以看到A卧房与楼梯间有蓝色区块的通道，要上三楼的起点（即第1阶）一定要在这里吗？若将第1阶融入通道（图5-39），则蓝色通道变短，可使A卧房变大（注意看黄色区的宽度增加了25cm）。

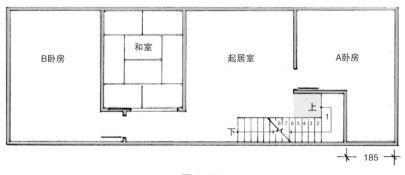

图5-39

再多改一阶不是更好吗？蓝色的走道变得更短，黄色区宽度又增加了25 cm（图5-40）。

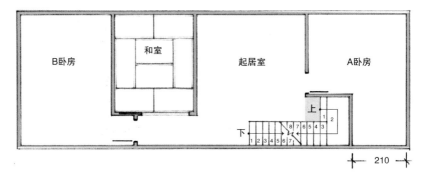

图5-40

此时，A卧房的黄色区已大到可以做一间非常舒适的衣帽间或书房了。

如果你不需要衣帽间或书房，你也可以改成A卧房内的衣柜及一间储藏室（由楼梯间进入），如图5-41所示。

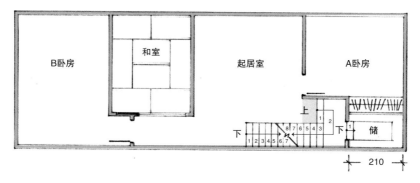

图5-41

你更可以再改一阶，则蓝色走道完全不见，A卧房的衣柜及储藏室变得更大（图5-42）。

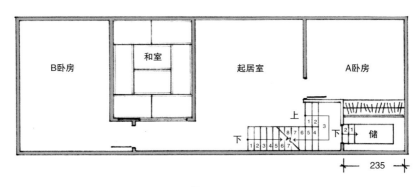

图5-42

为了让您更容易理解，现在我用平面图及剖面图来说明改变楼梯的形态如何能让空间变大，以及如何实施？图5-43为15阶到达二楼的楼梯平面图及剖面图。

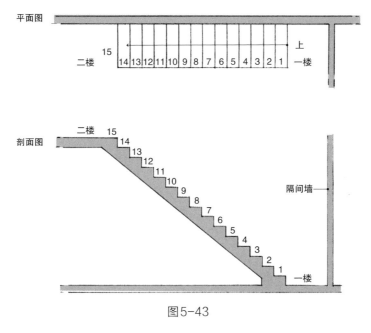

图5-43

最简单的方法就是在原楼梯上制作木楼梯，利用第1阶前的闲置空间制成放大的第1阶，接着在第2、3、4……15阶上以相同材料制作阶梯踏板至二楼，则隔间墙就可以左移35 cm，而隔间墙右边的空间就会多出35 cm（图5-44）。

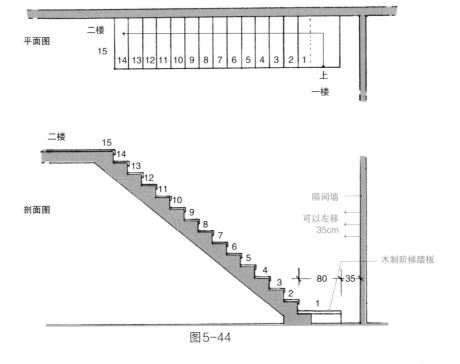

图5-44

或是隔间墙不动，将阶梯同样以木作方式施工制作如图5-45所示，则变成二楼的空间会多出35 cm（根据一楼或二楼的需要而采取不同的方法）。

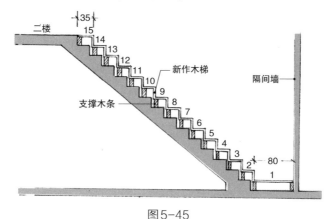

图5-45

其透视图如图5-46所示。

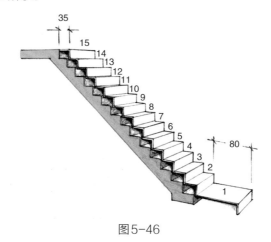

图5-46

如果你希望二楼的空间更大些，就将第1阶与第2阶合并，如图5-47所示。

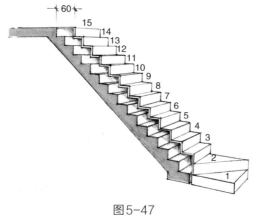

图5-47

像这样以木作方式在原混凝土楼梯上直接施工改变楼梯的形态，可以说是最简单、经济的方法了。相较于打掉原混凝土基础再重新制作楼梯，可以省下不少钱。

现在就将这个方法运用到实际的案例。

这是一幢三层独栋别墅，虽是三层楼，但碍于篇幅仅解说一、二层。

一楼平面图（图5-48）：

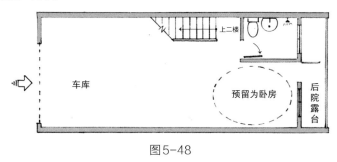

图5-48

二楼平面图（图5-49）：

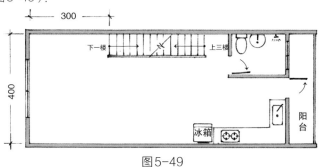

图5-49

1. 对一楼而言，因为需求简单，仅需停放一辆家用轿车及一间小卧房而已，所以原则上没什么大问题。

2. 但是上到二楼，则至少规划出客厅、餐厅、厨房及必要的收纳柜。

3. 客厅区大约有300 cm×400 cm的面积，作为客厅看起来是够用，其实不然。为了要上下楼梯，其出入口附近不得摆放任何东西，必须闲置出来，因此原本方正的客厅空间就会被破坏，如图5-50蓝色区所示。

有一个观念请您务必记住：客厅的大小取决于可以摆放几张沙发而不是面积。

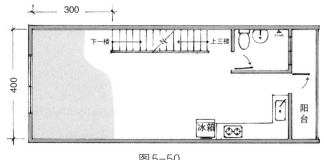

图5-50

因为出入楼梯口的关系，二楼大概只能摆上一人座及三人座沙发了（图5-51）。

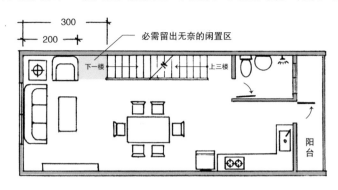

图5-51

如果希望客厅变大，就必须运用改变楼梯的形式这个方法。先看一下本屋的剖面图（图5-52）：

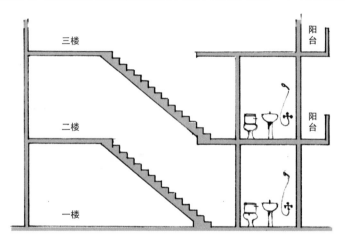

图5-52

要让二楼客厅变大，唯一的方法就是缩短楼梯的长度，而缩短楼梯长度的方法可以是将楼梯的台阶数减少。例如原本15阶到达二楼，改为10阶到达，就可以缩短楼梯的长度（图5-53），楼梯原本长350 cm，修改后便成225 cm，减少了125 cm就等于是二楼多了125 cm的长度。

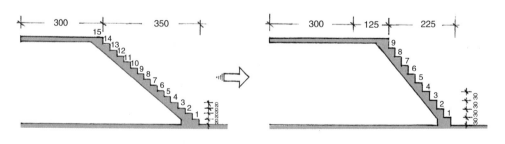

图5-53

但是，我完全不希望您这么做，因为这种楼梯太陡峭容易发生危险。最好的方法是维持阶梯数不变，仅改变其形态，要改变形态就必须从一楼的第1阶开始调整，如图5-54所示。

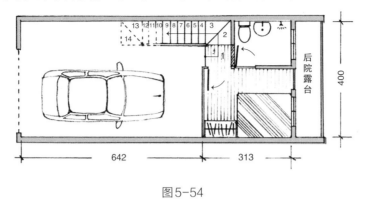

图5-54

1. 将第1阶扩大延伸至整间卧房。
2. 将卫生间的门移至卧房内，同时将原卫生间的门封闭使其成为套房的形式。
3. 由于第1阶已经架高，在卧房门口处脱鞋上楼，门槛起到阻挡尘土的作用。
4. 梯下的空间则作为鞋柜及其他收纳柜，也极其方便。
5. 在快到达二楼的最后两阶即第13、14阶也要调整并改向。

抵达调整后的二楼，您会发现客厅已变为320 cm宽了，虽然只增加20 cm，但却有完全不同的效果。因为动线转向已经不再需要留出闲置空间了，如图5-55所示：原本只能摆放一人座沙发的地方，现在已能容纳三人座沙发，而且还有多余的空间。其实客厅的宽度还不仅只320 cm，应该有320 cm+25 cm=345 cm，只是为了创造空间的期待感，所以挪了25 cm作为楼梯的端景柜，让登楼梯可以更有趣，而不是抵达二楼时看到沙发的侧边。

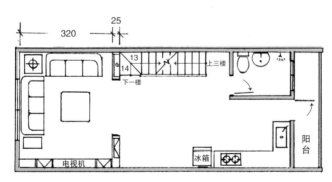

图5-55

利用端景柜规范客厅、楼梯及餐厅的区域范围，很有必要。

经由改变楼梯的形式这个方法，确实让客厅变大了。

那么从二楼上三楼的楼梯是否也可以做一些调整，使三楼以及二楼的餐厅、厨房更趋完美（这个部分暂且留到第7课再讲）？

二、楼梯移位

前面所谈的是楼梯在原处稍做调整就可以获得最佳效果，但是有很多情况是摆错位置的楼梯，那样的话再怎么调整也是徒劳无功。

这个时候就要考虑将楼梯移位了，移到一个恰当的位置将会比方法——"改变楼梯的形式"得到更大的效果，虽然工程量庞大，但考虑到一劳永逸，就请长痛不如短痛吧！

选择楼梯位置的要领：

1. 楼梯应设于公共活动区。
2. 楼梯尽可能设于房子的中央区。

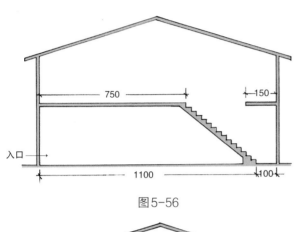

图5-56

图5-56为楼梯不在中央区的案例：

从入口大门走到楼梯入口，将会有一条很长的走道（12 m），走道越长，空间浪费越多。

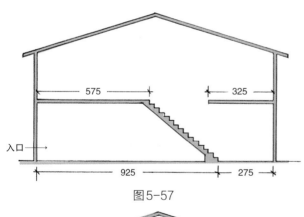

图5-57

稍往中央移动楼梯，走道会变短些（图5-57）。

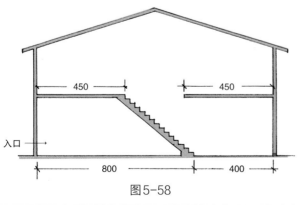

图5-58

楼梯在中央区时，不仅一楼的走道变得最短，连二楼的空间也会得到合理划分（图5-58）。

以两室一卫为例，由于楼梯并非在中央区，所以会产生很长的走道，如图5-59蓝色区所示。

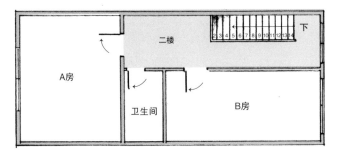

图5-59

若将楼梯移至中央区并将出入口转向，则走廊立刻变短，B房相对就变大（图5-60）。

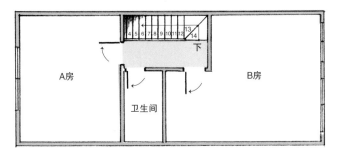

图5-60

如果觉得B房太大，那么也可以挪些空间改建成卫生间，使其成为套房；或不做卫生间改做书房、储藏室等，均可依需求设置。请看看现在走廊变成多短（图5-61）？

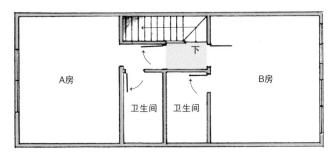

图5-61

有时候楼梯虽然在中央区，但楼梯的位置仍属于偏向房子的一侧。

如果把楼梯摆在真正的中央区（接近于房子的正中央），则又是全然不一样的效果。

尤其是遇到较方正的房子（非长条形），更需要这么做。

图5-62的楼梯虽在中央区但却偏上部，若将卫生间与楼梯对调，将楼梯移至真正的中央区，则走廊马上变得更短，相对的A卧房、B卧房及卫生间都将变得更大，如图5-63所示。

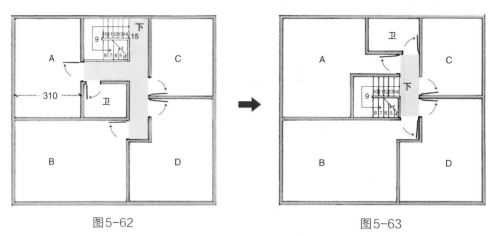

图5-62　　　　　　　　　　　　　　　　　图5-63

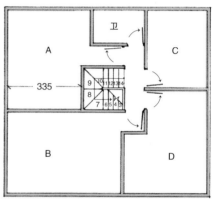

图5-64

若再搭配调整楼梯方法一"改变楼梯的形式"，如图5-62所示，将原第9阶（转折平台）改成第7、8、9、10阶，则A房宽度将由310 cm扩增至335 cm（图5-64）。

连带楼下的可使用空间也会变多。

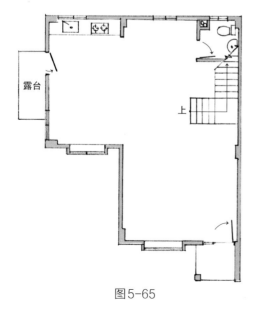

图5-65

前面所谈的都只是原则或要领，以下为实例运用：

例（一）：

图5-65为两层独栋别墅的一楼平面图。

1. 楼梯为L形。

2. 除了楼梯下方的卫生间有做隔间之外墙，其余全部开放无隔间墙。

3. 通常一楼的基本功能区，起码要有客厅、餐厅、厨房。

4. 空间够的话，也许可以再规划一间老人房或和室。

本堂课虽然旨在探讨楼梯，但在规划上还是要全盘考虑，不能只针对楼梯做处理，本例正好顺便作为本书前五课的阶段复习（图5-66）。

图5-66

①开放式的厨房油烟较易乱飘，再怎么推崇极简风的人，也应该把厨房区隔出来吧？

②隔的好处就是会创造出另一个空间如图5-66蓝色区块所示，也许可以规划一间和室或老人房。

③剩下的空间就安排成客厅和餐厅了。

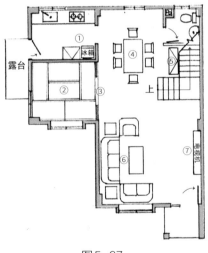

图5-67

客厅、餐厅若呈开放式，配置大约如图5-67所示：

①厨房因为有隔间，所以形成的凹陷区正好可以摆放电器柜及冰箱。

②正式的和室（六叠榻榻米）。

③制作纸拉门让视觉有更好的穿透效果。

④餐桌椅。

⑤楼梯旁摆一个储物柜。

⑥一人座、两人座、三人座沙发组。

⑦电视矮柜。

如果仔细检视这种极简的配置可以发现：

1. 厨房的操作台太小，使用不便。

2. 厨房的冰箱及电器柜仍属凸出物。

3. 电视矮柜也是凸出物。

4. 没有鞋柜，若有也不知要摆哪里。

5. 卫生间的格局是大型凸出物。

6. 毫无收纳功能，最后就会再买些储物柜往较空或靠墙的地方乱摆。

7. 最大的问题是楼梯！楼梯仍突兀地处于房子的中央，完全破坏了整个空间的完整性。

先解决楼梯！

由于原本的楼梯是L形，前五阶看起来似乎只占用了190 cm，其实不然，包含蓝色区在内都必须空出来才行，因此餐厅成为一个破碎、不完整的区域（如黄色区）。而且以现在的楼梯位置，当抵达二楼时，其出口必定在二楼的最边角，如此将造成二楼产生较多的走道（图5-68）。

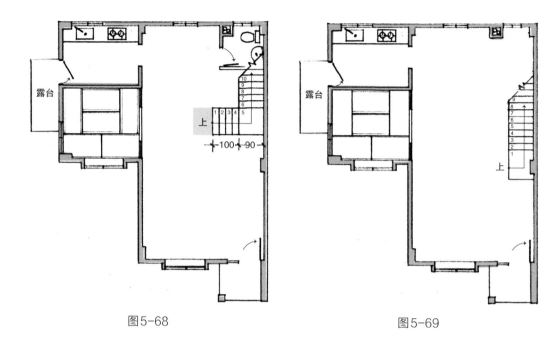

图5-68   图5-69

运用楼梯调整方法一"改变楼梯的形式"，将该楼梯改为直线型，因考虑到卫生间及客厅的配置，所以楼梯会稍微往大门方向移位。

这样做就符合楼梯尽量设于中央区的要领，除了让卫生间能获得更大的空间外，对二楼的空间利用也将更有利，而一楼的空间马上就变得整齐、方正且宽敞，如图5-69所示。

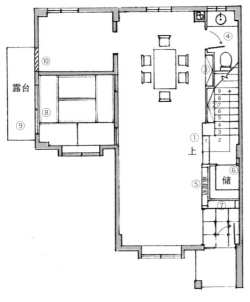

图5-70

为了玄关及卫生间所需的宽度，也为了创造更多的收纳空间，做如下操作（图5-70）：

①将楼梯再延伸一阶并转向。

②因凸出一阶产生了凹陷区，此区域可作为楼梯旁的储物柜，使楼梯旁也有收纳功能。

③再延伸做一收纳柜置于餐桌旁。

④卫生间内增加洗脸台。

⑤在客厅区可以制作一个与储藏室⑥紧靠的电视墙柜。

⑥当要进入储藏室时，由楼梯的第2阶进入。

⑦玄关鞋柜也能顺势完成。

⑧和室原有的一个小窗最好改成落地门，以方便进出侧院露台，同时也让和室往侧院的视觉延续更佳、采光更多，整个空间感觉就会更大。

⑨把露台加大。

⑩封闭原厨房通往屋外的后门。

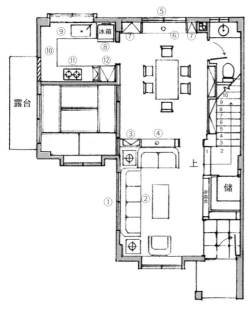

图5-71

最后就可以把客厅及厨房完成（图5-71）：

①增加客厅大窗户。

②摆上"1+4+2"人座沙发组。

③餐厅储物柜。

④餐厅与客厅可互相视觉穿透的上下柜。

⑤把原较小的餐厅窗户加宽。

⑥因餐厅的空间尚够，因此加做窗前矮柜。

⑦在矮柜左右两侧制作储物柜。

⑧冰箱改放于此。

⑨水槽移至冰箱旁，同时把窗户改为凸窗并加宽。

⑩原一字形操作台改成U形。

⑪灶台移至此处。

⑫制作一个调味品架及电器柜，置放电饭锅、烤箱等。

至此，一楼就大功告成！

现在，我们来比较一下调整楼梯前后有何不同，顺便复习前面几堂课学过的方法（图5-72、图5-73）。

改造前：

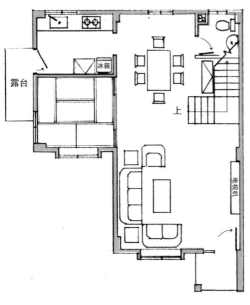

图5-72

改造后：

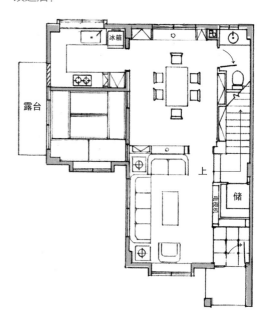

图5-73

1. 本例最关键的楼梯经调整后，整屋的效果完全改观。

2. 第2课"解决凸出物"的方法营造出极为方便的操作台以及客厅、餐厅。

3. 改造出很多的收纳空间，而且完全没有凸出物。

4. 第3课"缩小"也运用在客厅，将原本距离沙发颇远的电视柜往沙发方向移，电视机与沙发的距离更适当。虽然客厅稍微缩小了些，但却为电视柜、玄关、鞋柜及储藏室创造了空间。

5. 我们看到本例大量运用了第1课"隔！才会变大"的概念：

  1）封闭了厨房的后门，厨房变大了。

  2）隔了厨房，多了一间和室。

  3）以隔间柜区隔了客厅和餐厅，使得客厅由原本的一人座、两人座、三人座沙发变成可以容纳一人座、四人座、两人座沙发（客厅的大小在于可摆放几人座沙发）。

  4）隔了玄关柜多了储藏室。

  5）隔了卫生间使得餐厅变大了，功能增多了。

你看出隔间的奥妙了吗？

例（二）：

本例的楼梯比上一个例子更加凸出，延伸至餐厅，根本就是大型凸出物，对空间方正感的影响极为严重，解决方法就是把楼梯转向（图5-74）。

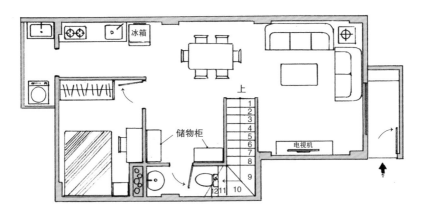

图5-74

仔细看图5-75，无论是厨房、卧房、餐厅或客厅，每一个空间都变大了，功能也变多了。

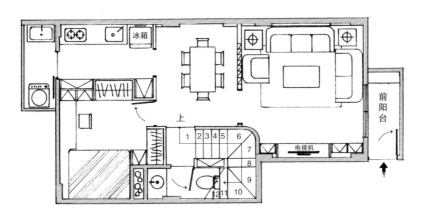

图5-75

这些当然要归功于"调整楼梯"，但也大量运用到第1课"隔！才会变大"、第2课"解决凸出物"等方法。

现在要考您一个问题：

一样大小的两栋房子，一楼格局相同，楼梯大小位置也完全一样，唯有上二楼的入口不同，请问您会买哪一栋呢（图5-76、图5-77）？

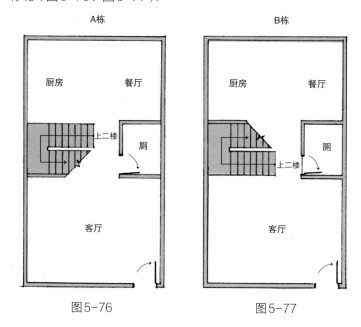

图5-76　　　　　　　　　　　图5-77

A栋的楼梯入口离大门及客厅较远，B栋则较近，这两者究竟有何差别呢？

差别在楼梯下的空间利用及视觉感受。无论楼梯的起点在哪里，前几阶的梯下空间一定较少，而爬到越高阶，梯下可利用空间就会越多，如图5-78及图5-79所示。

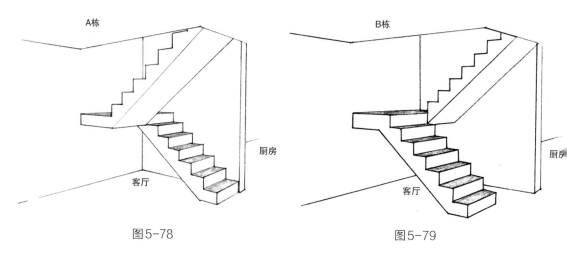

图5-78　　　　　　　　　　　图5-79

很多人就利用这个梯下空间，隔做储藏室或卫生间，本例因已另设有卫生间，所以不必再设，况且梯下高度也不够，没有条件规划出卫生间。

那么就只能做储藏室之用了。

A栋的梯下空间隔成储藏室后，如图5-80所示。

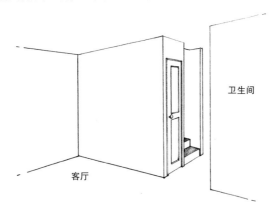

图5-80　储藏室靠近客厅

如果不做储藏室，就会如图5-81所示，楼梯下的空间看起来属于客厅，可是这个超级凸出物的下方却又不知如何利用才好。

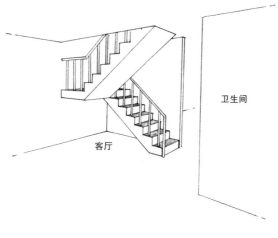

图5-81

B栋则如图5-82所示，储藏室是靠近右后方的厨房。

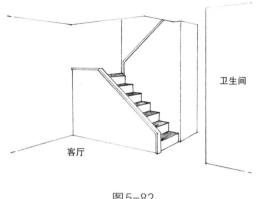

卫生间

客厅

图5-82

由此可知，选择B栋应该比较有利于屋内空间的规划及视觉感受，尤其是B栋的梯下空间也不一定要作为储藏室之用，如果将这部分的空间纳入厨房的范围，规划为电器柜、冰箱的置放空间也很好啊！

现在再问一次：你会买哪一栋房子呢？

第6课
改变卫生间

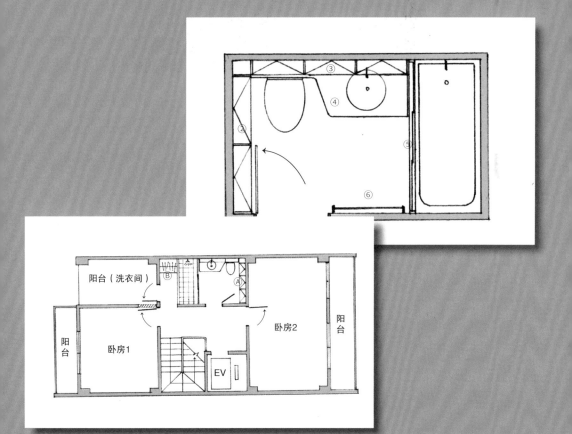

卫生间是建筑物内部仅次于楼梯的大型构造体，因此一间位置不合理或尺寸不对的卫生间，其影响之大不亚于楼梯。

因为卫生间除了隔间墙之外，还有冷热给水管、排水管、排污管、电线管、排风管、坐便器、洗脸盆、浴缸等设备，如果要改动，则这些设备通通要打掉重做，是相当麻烦的事。尤其是坐便器的位置，因牵涉到大口径的排污管，以及排污管落差之需的技术问题，往往无法随意变更坐便器的位置。

有鉴于此，一开始就做对的事才是根本之道（其实本书的每一课都秉持着这样的精神）。卫生间是每个人每天至少都要进去五次以上的空间，过去由于密闭空间狭小，规划上的不当，造成使用不便，加上空气对流不佳，成为众人最不想久留的地方，如果卫生间又靠近或正对着厨房或餐厅，不知您的感受如何？至少我是无法忍受（图6-1）。

图6-1

因为本书中的例子大多为八九十平方米的小面积住宅，所以不谈大宅级的卫浴设计。话虽如此，我们仍可规划出一间"麻雀虽小五脏俱全"且媲美五星级酒店的卫生间。

一间理想的卫生间应该具备：
1. 设备齐全——坐便器、卫生纸架、垃圾桶、洗脸台、浴缸、淋浴龙头、淋浴房拉门、毛巾架、置皂架，加上梳洗镜及换气设备。
2. 洁净舒适——通风良好、光线充足、卫生第一。
3. 安全无忧——防滑地面、安全扶手、防爆裂洗脸盆。
4. 使用便利——充足的收纳柜、方便穿脱衣裤的空间、壁挂吹风机、供应快速的热水。
5. 容易清洁——下嵌式洗脸台及干湿分离设计，使清洁工作更为轻松。

先来看看大家都知道的且最普遍的卫生间（图6-2、图6-3）。

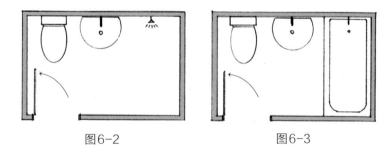

图6-2 图6-3

图6-2和图6-3为一般家庭常见的卫生间格局，把坐便器、洗脸盆、沐浴龙头/浴缸这三样主要设备通通挤在一起，我称它为三合一卫生间。这种三合一卫生间最大的痛苦就是：浴后满地湿淋淋，整间浴室雾气弥漫，穿脱衣裤不便等，相信大家都有这种经验。于是很多人做了些改进，加装了淋浴拉门，使其干湿分离（图6-4、图6-5）。

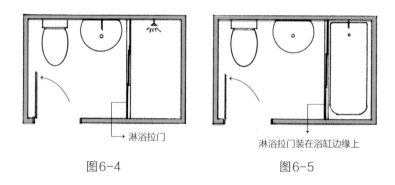

淋浴拉门 淋浴拉门装在浴缸边缘上

图6-4 图6-5

只是这些众所周知的做法，不是本堂课的重点，况且这也无益于本书如何使房子"变大"的宗旨。

唯有改变旧思维，改变卫生间的格局、功能及使用方法才能达成本书的宗旨。

探讨改变卫生间之前，有必要先了解几个基本概念。

■ 基本概念

一、卫生间到底需要多大的空间

当然是越大越好！

不对！这样的观念并不正确。

请记住：无论哪一个空间都不是越大越好，而是刚刚好才是最好。

卫生间越大就越会挤压到隔壁的卧房或餐厅等其他的空间。再者，卫生间的使用时间不长，如果采用第3课"缩小"的方法缩小卫生间，节省下来的空间挪给需较长时间使用的卧房或其他空间使用，不是更好吗？

那么，小到什么程度才是刚刚好呢？

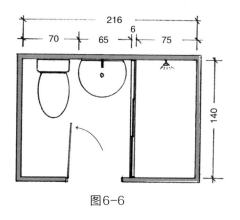

图6-6

如图6-6所示：

坐便器左右及浴室至少需要有70~75 cm宽的空间，再加上洗脸盆，浴室的长度应有216 cm，宽度为140 cm，可满足最低限度的需求。

这只是最低限度的尺寸，空间够的话当然可以规划宽裕些，例如：

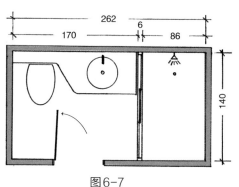

图6-7

若空间尺寸达262 cm×140 cm则可以有大台面的洗脸台柜及附有一字形三门联动淋浴拉门的较宽浴室（图6-7）。

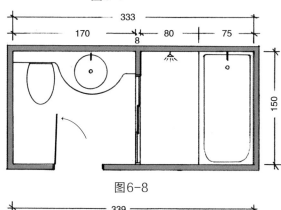

图6-8

若欲加装一组浴缸，那就必须有更大的空间（图6-8）。

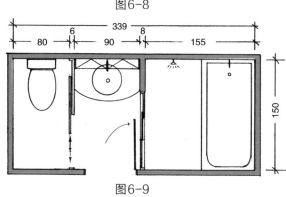

图6-9

此时，也可以是坐便器、洗手间与浴室各自独立的格局（图6-9）。

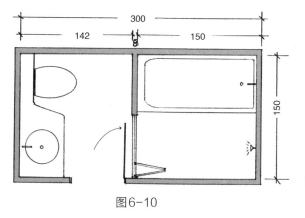

即使只有300 cm×150 cm的空间，也能营造出如图6-10理想的干湿分离卫生间。

图6-10

您有没有发现，我举例的卫生间看起来都是长方形而非正方形，为什么呢？因为正方形的卫生间最浪费空间。

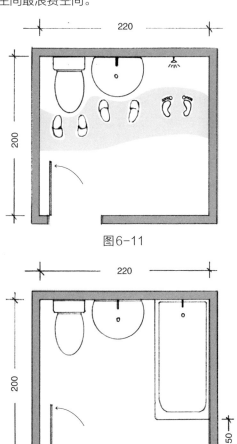

看起来面积很大，但是从图6-11你会发现：无论是淋浴、洗脸或如厕，你都只使用到蓝色区域的面积，剩下的几乎都用不到。

图6-11

即便是装了浴缸，空间也一样浪费。浪费了浴室的空间，等于压缩了浴室外的可用面积，同样的道理对衣帽间、厨房等也适用（图6-12）。

图6-12

因此，尽可能不要规划这种近乎正方形的卫生间。如果你买来的房子内部的卫生间已经是这种正方形的格局，那就要仔细学习本堂课，拯救浪费的空间。

二、卫生间内的开门位置与开门方向

例（一）：

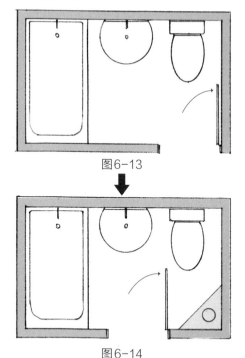

图6-13

这间浴室的门看起来没什么问题（图6-13）。

但是，把卫生间的门稍微左移一下如何呢？对内部空间而言非但不受影响，反而在角落多出了一个储物柜（图6-14蓝色三角区）。

图6-14

例（二）：

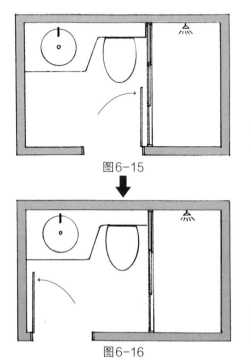

图6-15

这间卫生间的坐便器正对着卫生间的门，无论它是否正对着厨房或餐厅，光是敞开卫生间的门时会看到坐便器就很不舒服（图6-15）。

若把浴室门设于左边，即使卫生间的门长时间没关，看到的也是漂亮的洗脸台，坐便器不容易看得到（图6-16）。

图6-16

例（三）：

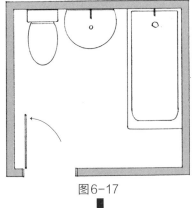

图6-17

这是严重浪费空间的卫生间（图6-17），如果把门移到另一边，如图6-18所示。

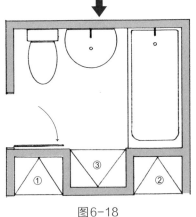

图6-18

卫生间的门改个位置，可创造出三个储物柜：①与②是属于浴室外使用的收纳柜；③则是浴室内的收纳柜。

可见卫生间开门的位置有多么重要！

例（四）：

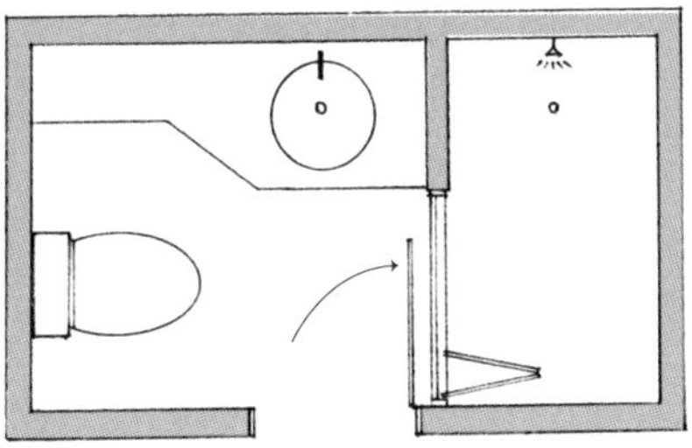

图6-19

这是一个不错的长方形干湿分离的卫生间，附有梳洗镜及洗脸台柜，门的位置也没问题，只是开门的方向错了（图6-19）。

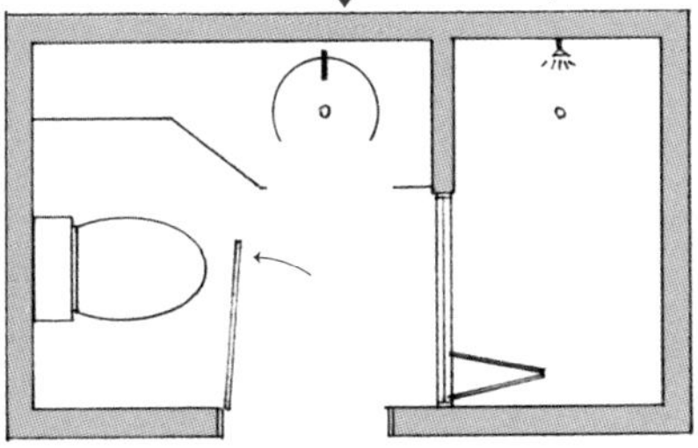

我们上卫生间，有时候可能会忘了锁门，如果有不知情者也要进卫生间，在图6-19的情况下，马上被一览无余，但是如果以图6-20所示开门的方向，彼此就不会那么尴尬。而且一开门看到的只是一个漂亮的洗脸台不是很好吗？所以开门的方向也非常重要。

图6-20

如果您家中的公用卫生间与卧房的配置类似图6-21。

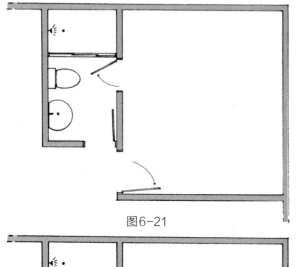

图6-21

这间卫生间共开了两扇门，它可以是公用，也可以变成套房的方式私用，一室两用非常好。

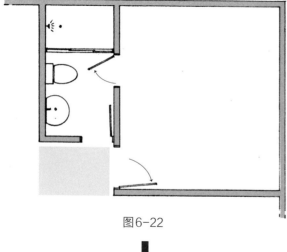

图6-22

但我说的好并不是指这两扇门，而是指卫生间外的空间。卫生间外及卧房外的蓝色区根本就是永远的闲置区（图6-22）。而所谓的好就是指闲置区，虽是劣势，却可以逆转为优势（图6-23）。

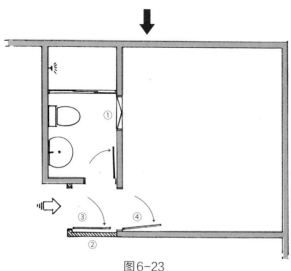

图6-23

改变如图6-23所示：
①卧房内通往卫生间的门拆除，改成浴室用的置物架来填补该门孔。
②延长卧房隔间墙。
③加装一扇门。
④保留原卧房门，同样是三扇门，但移动了一扇门，却能得到极大的好处（其优点不再详述，请回顾第32页便知）。

当然你也可以改变入口的方向，如图6-24所示。

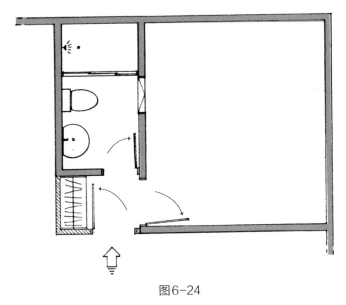

图6-24

至于要从什么地方进入卫生间，看周遭环境如何而定。

其实不只是卫生间的门，所有的门设置的位置都非常重要，它们都关系到从一个空间进入到另一个空间的方法、方式、效果及动线，且相互影响内部与外部空间的格局（这个部分可以回顾第39页"解决凸出物方法二：改变动线"及第84页"走廊消除法一：改变入口"两小节）。

三、卫生间内的收纳功能

在传统的三合一卫生间内很难看到理想的收纳设计，这可能是因为空间狭小，也没地方摆放收纳柜，只能在角落挂个小置物架之类（图6-25）。

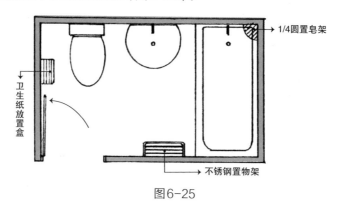

图6-25

因为空间小，大约也只能这样了。真的只能这样吗？运用第3课"缩小"的方法看看吧（图6-26）！

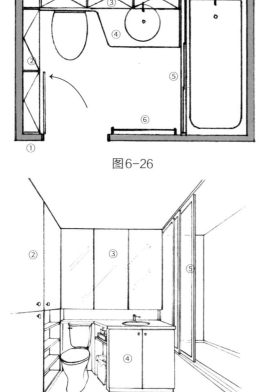

图6-26

①将浴室门右移18 cm。

②就可以在左侧安排一个落地型储物柜，深度16 cm即可，一整年的浴室备用品都可以容纳得下。

③悬吊式收纳柜深度也只需15 cm，收纳柜分成3组，每组柜门均加装镜子。

④下嵌式洗脸台柜，连卫生纸、垃圾桶都能各得其所。

⑤浴缸上加装淋浴拉门以达干湿分离的效果。

⑥毛巾杆。

如此设置之后，空间不大的卫生间，也可以具备完整的收纳功能（图6-27）。

图6-27

再举一例：

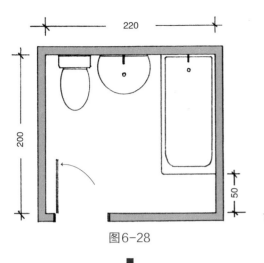

图6-28

图6-28是属于闲置空间过多，且无任何收纳功能的类型。

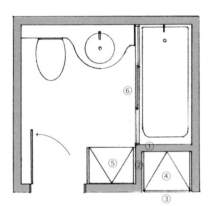

图6-29

应改变如图6-29所示：

1. 加做①与②的隔间墙。

2. 拆除约70 cm原卫浴的隔间墙③。

3. 拆除后的空间即可制作浴室外的收纳柜④。

4. 浴室内安装储物柜⑤。

5. 当然别忘了在浴缸边上加装淋浴拉门⑥。

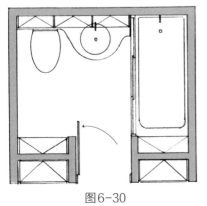

图6-30

更可以如图6-30的规划：

1. 将浴室门移至中央，左右及内外都能设置收纳柜。

2. 洗脸台上再制作个悬吊式收纳镜柜（图6-27），就更能满足收纳功能了。

四、卫生间应摆在哪里？

这个问题很容易！

如果你想要一间套房，那么卫生间就摆在卧房内；如果要方便大家使用，那么就设置在公共区。是这样吗？这样的想法未免太笼统了。无论摆在卧房还是公共区，尺寸的把握才是关键，应该左移一点还是右移些？大一点还是小一点？横摆或竖摆等一系列问题，绝非两句话可以轻易带过。再者公共区是指客厅、餐厅还是厨房呢？

一般家庭的卫生间很多设置在屋子的最里面，厨房也是，所以就会变成卫生间与厨房相邻，要不然就是设置在餐厅旁边，如图6-31和图6-32所示。

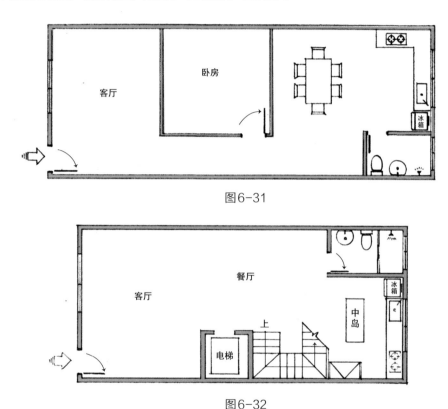

图6-31

图6-32

民间忌讳卫生间的门与厨房相对，由于卫生间的不洁气体易流窜至厨房而污染食物，吃下不洁的食物影响身体健康，这样的观点很容易理解。因此，卫生间绝对不宜设在厨房或餐厅的旁边，偏偏很多住宅常因面积不大以及不合理规划，出现厨房、卫生间、餐厅挨在一起的现象。虽然无奈，但也只好想办法改造一番了。如前面所说卫生间移位的工程浩大，所以只要尽量做到卫生间的门不要与厨房、餐厅正对即可，也不一定非得拆移卫生间不可。

我们举前页的两个例子，看看如何用"改变卫生间"这个方法来化解这些问题。

先谈图6-31的例子（图6-33、图6-34）：

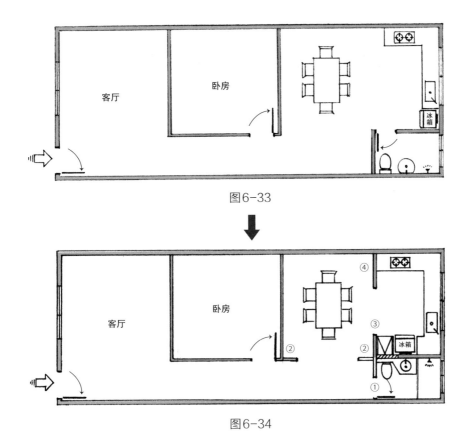

图6-33

图6-34

①将原卫生间的门封闭并移位、改向，则卫生间的门既不会对着厨房，也不会正对着餐厅，坐便器虽有移位，但因距离很短并无困难。

②稍做一点隔间墙，不但能规范餐厅区，对餐厅而言，卫生间也获得更多的遮蔽且远离餐厅。

③延长原卫生间的墙壁，可营造一个凹陷区，设置电器柜及摆放冰箱，同时操作台也变得更长。

④燃气灶左边加做一道隔间墙与③相对应，要记得加一门框，不但可隔绝油烟飘至餐厅，连厨房也变大。

卫生间的问题到此可算是解决了。

可是总觉得一间房子，不应该只是"头痛医头，脚痛医脚"，更应该全盘考虑才对，否则有可能"医好了肝，却伤了胃"。

这样的话，你应该也看出了两个问题：

1. 卫生间的门正对着大门，感觉怪怪的。

2. 卧房外有一段长廊，有点浪费。

既然要全盘考虑，那么本书很多方法都可派上用场（图6-35）。

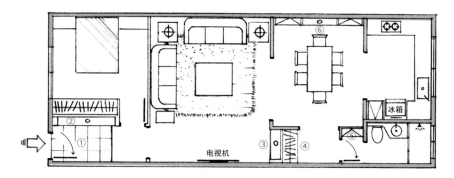

图6-35

①采用"走廊消除法"将客厅与卧房对调，则原卧房外的走廊就变成有意义的玄关了。

②再稍微"缩小"一下卧房，则玄关鞋柜也有了。

③运用"隔！才会变大"的观念，隔出一个凹陷区营造出从大门进门时就可看到的端景柜，同时也完美解决卫生间的门正对大门的问题。

④端景柜不必很深，它的背面就可以形成一个收纳柜。

⑤把卫生间放大些，将卫生间的门往④方向移一些，则又形成一个凹陷区，可以设置一个卫生间的收纳柜。

⑥因为餐厅空间还有剩余，所以也可以再做一组收纳柜。

现在你可以发现，在这个案例中看不到走廊了，收纳功能变多了，视觉穿透更好了，卫生间对着厨房的问题也解决了。

只因为在餐厅的四周做了一些小隔间墙（图6-35蓝色隔间墙）。

所以我要再重复一遍：隔！才会变大！

关键在如何隔，而不是要不要隔！

现在把三张平面图（图6-36~图6-38）摆放在一起，将更方便对照比较其变化：

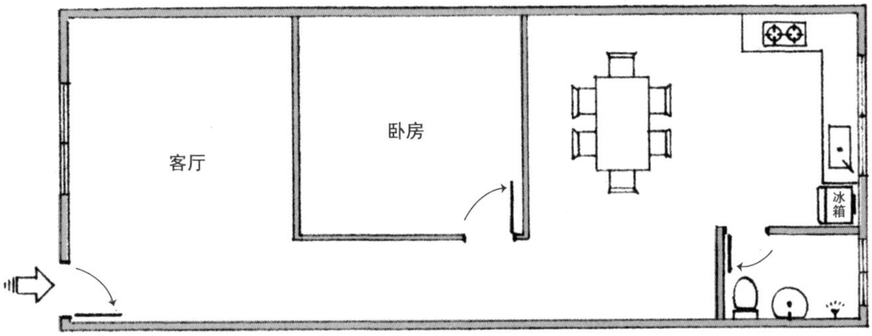

图6-36

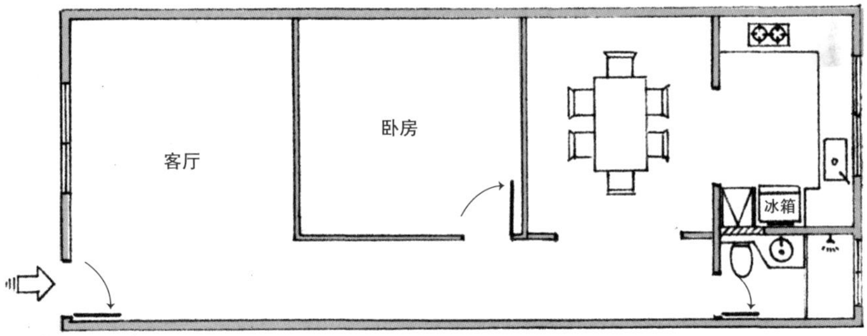

图6-37

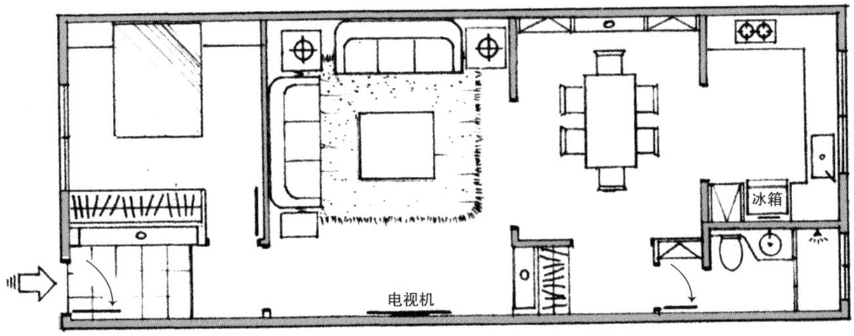

图6-38

接下来为图6-32的例子（图6-39）。

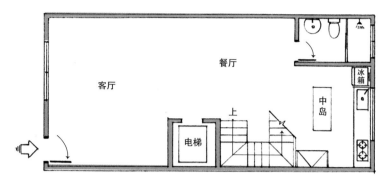

图6-39

这个卫生间虽没有对着厨房，可是却对着餐厅，用餐时有人进出使用卫生间，应该会有不舒服的感觉吧，所以实在有必要解决这个问题。

观察本平面图，可以知道把卫生间的门转向厨房也不可行，整间卫生间移到别处更是有难度。唯一可以考虑的就是让卫生间的门不要直接面对餐厅，如图6-40中①所示，做一道木隔间墙及门，则卫生间既不面对餐厅也不直接面对厨房，而且因为多了这一个小隔间，又获得了一个储物柜②。

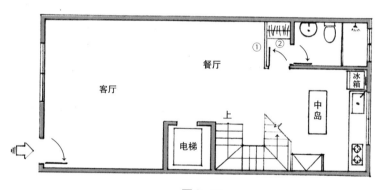

图6-40

这样的规划，完全没有改动到卫生间的任何地方，可以说是最经济有效的方法。可是与前例一样，设计不能只做一半，刚才这么做会不会影响到餐厅甚至客厅的空间？继续谈下去可能会偏离本课"改变卫生间"的范围，但是又何妨？学习完美的整体设计，不正是您阅读本书的目的吗？

本例的客厅宽度达5.1 m，很显然无论电视机摆在哪里，距离沙发都会太远，所以应该运用缩小的方法让电视机距离沙发近些，同时还可以营造出①玄关、②玄关的鞋柜兼衣帽间和③茶水间，如图6-41所示。

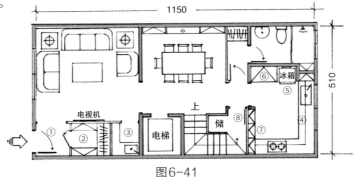

图6-41

由于本例的空间颇为充足，所以卫生间外虽隔了一道墙，仍不损餐厅所需的空间。另外，原例的厨房中岛，总觉得是为赶流行而做的设计，如果取消中岛，将操作台改为L形④，相信会比中岛更加好用（有关中岛将在厨房篇有更详细的说明）。再把冰箱转向置于⑤处，则水槽旁与浴室都可以多出置物架，⑥为电器用品柜。另在楼梯旁制作三组收纳柜⑦，即可形成梯下的储藏室⑧。这样的规划，不仅卫生间完全不用对着餐厅或厨房了，而且整个房子的收纳功能变多了，各空间比例更协调了。

其实，卫生间需要多大的空间、卫生间门的位置与方向、卫生间内的收纳功能以及卫生间应摆在哪里这些问题应属于建筑物设计阶段（动工兴建之前）就该考虑的重要课题，否则事后的修改很可能会是一场"噩梦"，而且将会增加许多成本（图6-42、图6-43）。

改造前：

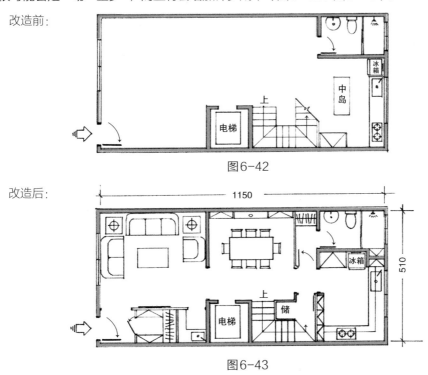

图6-42

改造后：

图6-43

五、卫生间一定得"卫"与"浴"同在一间吗？

相信有98%以上的卫生间仍属于坐便器、洗脸台、浴缸、淋浴头通通挤在一起的三合一式的格局，几十年来一成不变。一定要这样吗？

日本的住宅则几乎都是把坐便器与浴室完全分开，这种做法，我觉得很值得我们借鉴学习。

例如（图6-44、图6-45）：

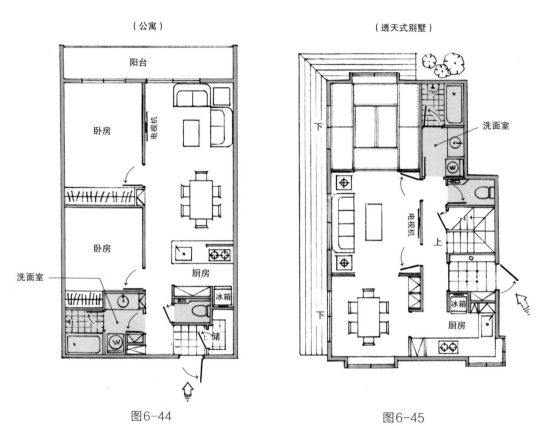

图6-44   图6-45

这种配置的好处是：

1. 在同一时间一人可以使用坐便器，另一人使用浴室，甚至再一人洗脸刷牙，非常方便，不至于一人占用全员等候，非常适合仅能容纳一套卫生间的小面积住宅。

2. 在进入浴室之前的洗面室也属于换衣间，而在这个空间里都会放置洗衣机，当要沐浴时，脱下的脏衣服就直接丢入洗衣机内，洗完澡也在这个洗面室换穿干净的衣服，十分方便。

3. 卫生间都远离餐厅或厨房。

依此模式可以类推下列各式格局以供参考（图6-46）：

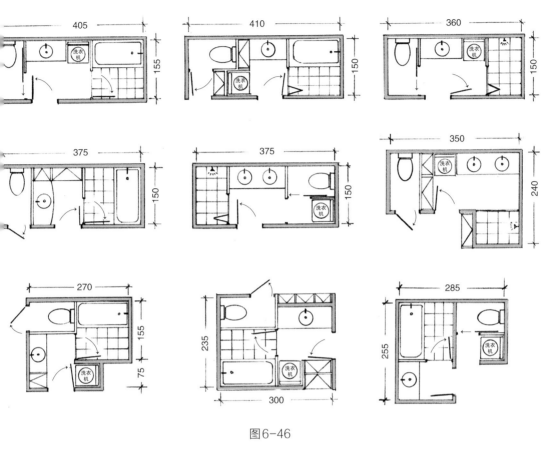

图6-46

在上面的图例中，你会发现每一间的浴室都是完全独立密闭，它的好处如前面所说：当一人使用浴室，另一人使用坐便器时能互不干扰。此外，洗热水澡时的雾气也完全不会飘到洗面室，不像大多数的淋浴拉门都只做190~200cm高，与天花板之间留了40~50cm的空隙，一旦洗热水澡，整个卫生间就会雾气弥漫。

此外，一般小公寓都没有多余的空间能规划出洗衣间、晒衣间，因此，若在浴室内装上多功能暖风机，将洗好的衣物晾于浴室内，按一下干燥功能，因为浴室是封闭的空间，所以很像是一个"大型烘衣机"，除了能快速烘干衣物外，连同浴室内的湿气也可一并去除，非常实用。

■ 进阶练习

下图为延续第20页未完成的例子。

在第20页只谈到玄关、客厅及小孩房，现在开始探讨卫生间。在本例中卫生间共有两间，一间在主卧房内，另一间是公共卫生间。解析如下：

1. 公共卫生间正对着餐厅，必须想办法解决。

2. 主卧房的卫生间原则上没什么问题，但主卧房的空间显得有点小，所以必须调整主卧房的空间，但牵一发而动全身，连带主卧房卫生间也将有所变动。

3. 主卧房的卫生间看起来空间蛮大的，稍微缩小些应该也不是问题。

4. 厨房看起来很大，但是为了要进出主卧房而闲置出来的过道，将使厨房空间变得不完整。

5. 在思考卫生间的同时，也应连同厨房一并考虑才行。

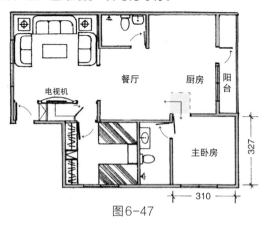

图6-47

针对上面所列的问题，解决之道如下（图6-48）：

①将厨房与主卧房的隔间墙及房间门拆除，以木作方式往厨房方向移动45 cm。

②此处可以放置一个毫无凸出的衣柜，厨房反而会跟着变得更完整、方正。

③衣柜旁边会留一点凹陷区，做置物架。

④将卫生间缩短些，卫生间的门也转向。

⑤卧房门移位于此，则会形成主卧房的小玄关。

⑥形成的凹陷区可再做一组衣柜。

⑦将小孩房与餐厅的隔间墙改为餐厅用的储物玻璃柜。

⑧小孩房也多了一个置物架或书架。

⑨用木制隔间墙制作出一间公用浴室的预备室。

⑩放置卫生间备用品的上下柜。

⑪原卫生间的门改向。

⑫加做一扇门。

⑬餐厅用的储物柜。

⑭浴室内的沐浴品架。

现在卫生间正对着餐厅的困扰解决了，收纳柜增多了，主卧房也变大了，剩下厨房的部分请容我留到下一堂课再说。

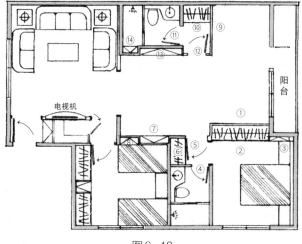

图6-48

再举一个改变卫生间的例子（室内面积为65 m²、阳台面积为3.6 m²），如图6-49所示。

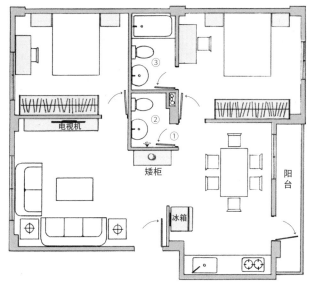

图6-49

本例有两间卫生间，它们都存在着一些问题：

①公共卫生间的门对着餐厅，观感与卫生均不佳。

②卫生间的沐浴空间太小，导致使用起来非常不舒服。

③主卧房的卫生间也是传统三合一组合，毫无收纳功能。

除了卫生间的问题之外，其他的空间也未能妥善规划，仅以现成的家具填满空间，导致书桌、衣柜、电视柜、冰箱等全部都是凸出物（图6-49蓝色区块），尤其是阳台门的位置更是败笔。记得之前所说的不良过道会破坏空间的完整性吗？它使得厨房无法有效利用。另外，客厅与餐厅之间的过道也浪费太多的空间。

本堂课虽旨在探讨卫生间，但一旦改变卫生间，就有可能牵动全局，因此除了卫生间，其他的配置也会一并调整，这样才能明白改变卫生间能带来多大的好处（图6-50）。

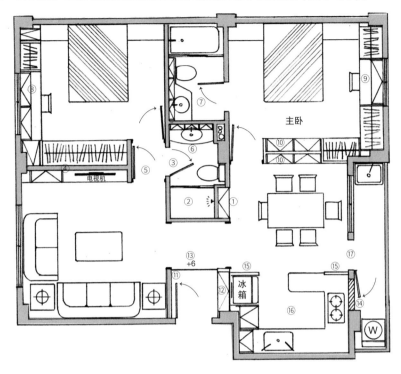

图6-50

改变卫生间及其他空间，调整如下：

①将原卫生间的门拆除改为餐厅用的储物柜。

②扩大卫生间的面积，增设一间浴室并加上淋浴拉门，使之干湿分离。

③卫生间的出入门设于此，远离了餐厅与厨房。

④将原客厅与卧房的隔间墙往客厅稍移，则卧房空间会变大些，对客厅而言却无多大影响。其实这么做最主要是为了⑤。

⑤在此处加装一扇门，而使该卫生间成为公私两用的（请回顾第32页），我要极力推荐这种方法，毕竟一年到头访客会用到这间卫生间的次数并不多，其余的日子何不让它成为套房？

⑥将原洗脸盆、坐便器移位，洗脸盆则改为台面式洗脸台柜，洗脸台上部制作一组置物镜柜。则上下两柜将可提供极大的收纳量。

⑦主卧房的洗脸台柜也如同⑥的作法，只是造型略有不同，一样可以收纳很多的卫生间常备用品，在浴缸上加装淋浴拉门以达到干湿分离的效果（请注意两间卫生间的开门方向）。

这样的规划皆大欢喜。

至于其他部分，则如下述：

⑧将书桌加长，书桌两旁做满储物柜及衣柜，书桌上部更能制成书柜。

⑨主卧房则将化妆桌移至窗前并兼书桌使用，同样地在两旁做满衣柜，则可以消除凸出物。

⑩将原主卧房与餐厅的隔间墙拆除，改为餐厅及主卧房均能独立使用的储物柜。

⑪对齐新做的公用浴室的墙，制作一小段隔间墙，即可获得一个玄关。

⑫玄关鞋柜。

⑬最好是在玄关区之后，加高6 cm全铺木地板，则可以有效阻挡尘土进入屋内。

⑭将原出入阳台的门拆下并封闭其门洞，或制作一个阳台使用的储物柜来填补这个门洞。

⑮木制隔间墙两处可成就一个完整的厨房区。

⑯含有早餐台、电器用品柜等，功能十足的厨房。

⑰运用改变入口的方法，将阳台门设于此处。

这个案例，完全采用本书中所讲的各种方法，例如：

1. 隔！才会变大。

2. 缩小＝放大：缩小了一些原客厅、餐厅之间的闲置空间，放大了公用卫生间。

3. 解决凸出物。

4. 增加收纳功能。

5. 改变入口。

6. 改变动线。

此例的改造前后对比，如图6-51和图6-52所示。

改造前：

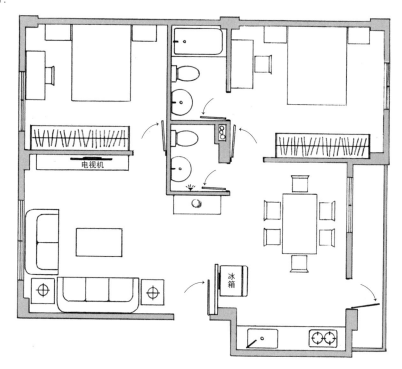

图6-51

改造后：

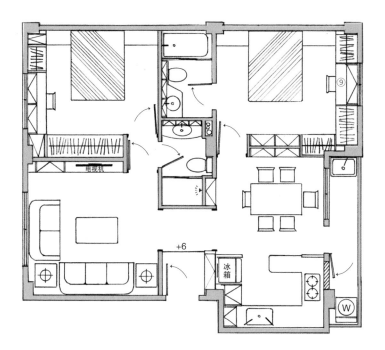

图6-52

接下来是一个78.6 m² 的例子。

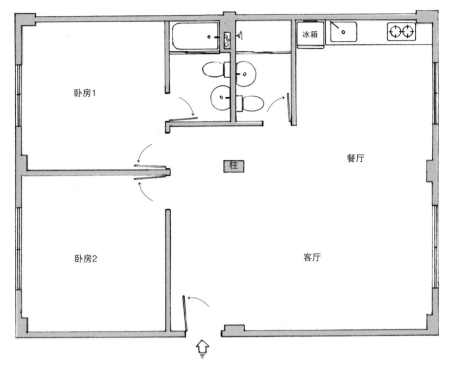

图6-53

开发商交房时格局如图6-53所示，拥有客厅、餐厅及两间卧房，还附赠一组操作台（冰箱需自理）。交房后，业主看到客厅的空间相当大，一时极为高兴，但没多久就发现令人头痛的问题还真不少：

1. 客厅确实很大，但没有合理规划，有相当多的空间却不知该怎么利用。

2. 餐厅区因为与客厅区重叠在一起，所以乍看之下会有宽阔的感觉，其实不然。

3. 房子的正中央多出了一根柱子，因结构强度的考量，不得不设计这根柱子。只是这样叫业主如何是好？又不能"打掉"它。

4. 两间浴室的设备简陋，尤其是右边的公用浴室非常靠近餐厅区。

5. 闲置空间非常多。

现在我们试着来看一般人会如何规划（图6-54）？

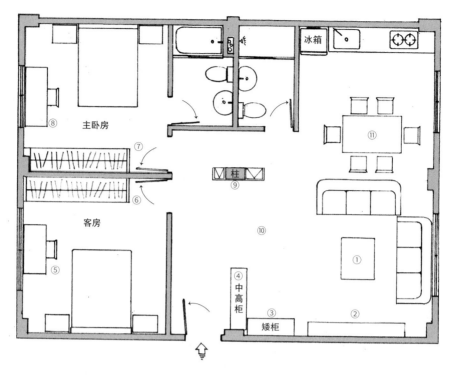

图6-54

①因为客厅空间蛮大的，所以摆上两张三人座沙发不成问题。

②电视柜是凸出物。

③储物矮柜也是凸出物。

④鞋柜（中高柜）更是凸出物，③与④都是看到有空位就买储物柜来填满的作法，⑤、⑥、⑦、⑧的书桌及衣柜全部是凸出物。

⑨这是本案例唯一可圈可点的好构想，延伸柱子左右两边制作了两个储物柜，不但增加了收纳功能，也因加宽了柱体，使这根单独的柱子变成一个大壁面，完全看不出来曾有柱子竖立在屋子的中央，而且这个壁面若好好利用也可以是一道端景墙，唯一可惜的就是收尾不够完善。

⑩闲置空间过多。

⑪餐桌椅组大致没什么问题，只是整体看来，这仍属于空荡无趣的空间。我称它为只是拿来住而已。

那么应该怎么做比较好呢？

首先一定要先思考如何将一大堆的闲置空间拿来加以利用，其次运用"隔！才会变大""解决凸出物""改变动线""改变入口"等方法调整配置，如图6-55所示。

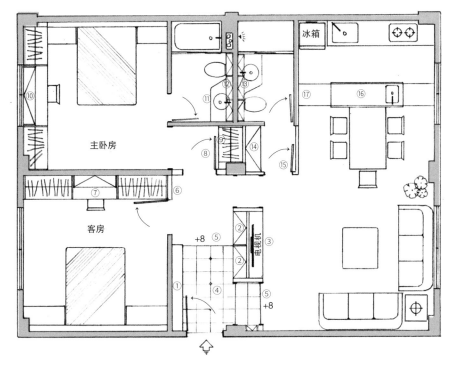

图6-55

①在进门处左侧制作一个穿鞋矮柜；②鞋柜、拖鞋柜；③客厅用的电视柜。

④可营造出一个漂亮的玄关。

⑤图6-55中"+8"为进入客厅以后地板加高8 cm，使玄关更为完整，且⑤有两处，即入门后有两进，在这一入两进的过程中，让动线产生洄游的乐趣（有关洄游详见第8课）。

⑥将客房门往下移一些。

⑦衣柜的凸出问题得以解决，再运用合并的方法，将书桌与衣柜合并，则卧房变得更为整齐了。

⑧主卧房门改至此处，可包裹中柱，且获得一个卧房的玄关。

⑨多了一个衣柜。

⑩同样采用合并的方法将主卧房的衣柜及书桌设于窗旁，解决了很多的凸出物。

⑪主卧房浴室内原洗脸盆改为台面式洗脸台柜。

⑫、⑬洗脸台上部做三组收纳镜柜。

⑭将公用卫生间以木作方式延伸出来，增加一个收纳柜。

⑮加装一扇门，使这一小区域成为沐浴前后的换衣间。

⑯由于原厨房功能太少，所以可以加做一组附有水槽的中岛操作台，以应付原操作台的不足，且中岛操作台下柜可放置烤箱之类的电器用品。

⑰中岛上空则为吊柜，可以收纳物品。

这样的规划使闲置空间变少了，功能增加了，房子中央的柱子也消失不见了，最重要的是本堂课的主题——卫生间变得更卫生更好用了。这是我喜欢的设计。

本例也可以有另一种配置（图6-56）。

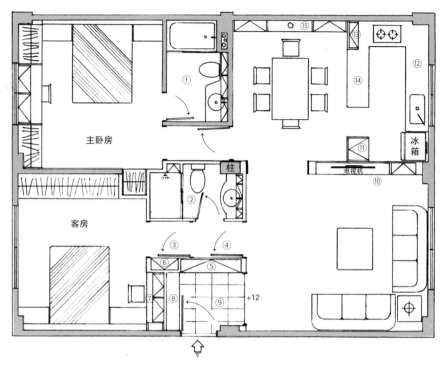

图6-56

本堂课的重点是卫生间，所以就先从卫生间开始说起：

①主卧房卫生间维持上例不变。

②将原公共卫生间移至此处，可将中柱隐藏起来，而且卫生间也远离餐桌。

③客房门移至此处，可获得一个卧房的玄关。

④加一扇门，则③与④两门按需使用，让卫生间既可公用也可私用。

⑤玄关鞋柜。

⑥卧房门后的储物柜。

⑦化妆桌兼书桌。

⑧穿鞋矮柜。

⑨玄关区。

⑩电视柜及右边的储物玻璃柜。

⑪电器用品柜。

⑫操作台改为∪形，台面变大了。

⑬调味品架。

⑭早餐台。

⑮餐厅多了一排大型储物柜。

卫生间整个移位，工程虽较麻烦但一劳永逸，我更喜欢这样的设计。

来看看改造前与改造后（图6-57~图6-59）。

改造前：

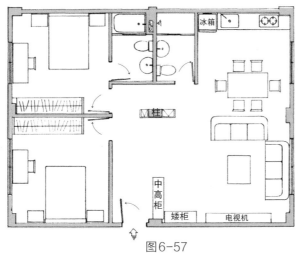

图6-57

改造后1：

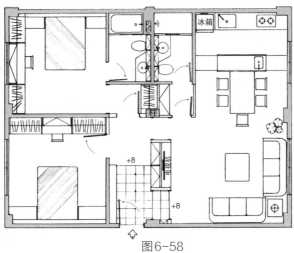

图6-58

改造后2：

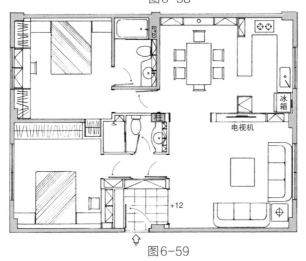

图6-59

在这里，我要补充说明一件事：

在本书中看到的图例中涂有灰色者为混凝土墙，不着色者为木制隔间墙，如图6-60所示。

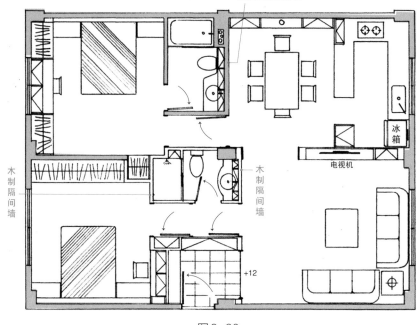

图6-60

我在很多卫生间或厨房的隔间均采用木制隔间墙。

您一定会质疑：

木制隔间墙的卫生间能够防水吗？

在回答之前，我想先反问：

您认为用砖块砌的墙就能够防水吗？请拿一杯水倒在一块红砖上，您会看到整杯水全部被红砖吸走了，因为砖块表面有许多细小气孔，就像海绵能吸附大量的水一样。

所以砖墙是绝对不防水的，即便是混凝土浇筑的墙也不是完全防水。所以卫生间墙外常有漏水现象。

卫生间之所以防水，是因为砌墙后做了一件非常重要的工作——涂装防水材料，即所谓的防水层。然后再贴上瓷砖，而瓷砖表层的釉，更是极佳的防水材料，它就像我们每天吃饭使用的瓷器碗盘一样永不吸水，永不吸水的意思就是防水。

再回到之前的问题，

木制隔间墙的卫生间能够防水吗？

当然可以，请看看美国、日本普通住宅的卫生间，保证绝大多数都是木制隔间墙，甚至很多国外星级酒店的卫生间也是，下次若出国旅行入住酒店后，不妨敲一敲卫生间的隔间墙，如果听到的不是低沉暗哑的闷撞声，而是咚咚咚或咯咯咯的声音，那就是木制空心隔间墙（虽然表面上贴着瓷砖）。

单纯只用木板隔间，确实无法防水，它仍然像砖墙或混凝土墙一样，必须采取防水措施。

卫生间的木制隔间墙施工方法如图6-61所示：

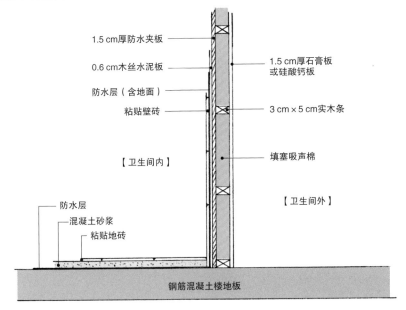

图6-61

我以这种施工方法彻底仔细地做好防水工程，超过30年从未出过任何问题，请大家放心采用，关键在防水层而不是砖墙或木制隔间墙。

另外，木制隔间墙还有如下的优点：

1. 施工成本较低。
2. 施工快速、精准。
3. 墙壁的厚度比混凝土墙薄（仅约9.7 cm），较节省空间。
4. 相对于混凝土作的湿式施工，它属于干式施工法，所以工地较能保持清洁。
5. 减轻建筑物的负荷。
6. 安装冷热水管及日后修改都更容易。

最后，我再举一个改变卫生间的实例。

我们常会觉得卫生间不够大，所以会希望增大卫生间的空间，但有时候过大的卫生间，也应思考将它改小些以应付卫生间之外的需求，图6-62就有一间过大的卫生间（4层透天式别墅的顶楼）：

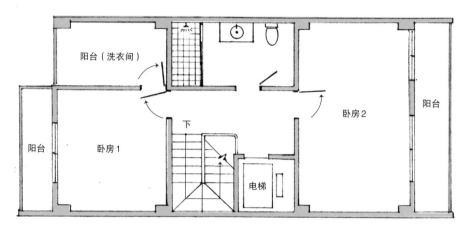

图6-62

较大的卫生间也没什么不好，但以本例而言，就显得有点大而无用。

为什么会盖出这么大的卫生间呢？理由应该是希望对齐楼梯左边的卧房隔间墙，以及电梯右边的墙，使两间卧房均得以方正。

然而卧房1的两个阳台，实在没什么必要，所以将卫生间旁的阳台加个采光罩作为洗衣间固然很好，但每次要进出洗衣间都必须经过卧房1，对卧房1的使用者造成干扰。这时候只要缩小卫生间，如图6-63所示即可解决这个问题。

虽然卫生间缩小了，其实际需要的空间仍是相对足够的，且坐便器旁及浴室与洗衣间之间都能设置如Ⓐ、Ⓑ两组储物柜，更方便使用。

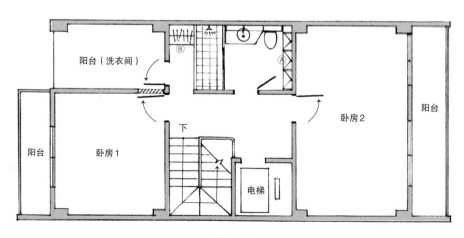

图6-63

第 **7** 课
小厨房，大空间

您一定常常觉得家里的厨房不够大。

厨房不够大？

应该要多大才能满足？

如果给您 13 m² 或 14 m² 的空间来规划厨房，

您能感受两者的差异吗？

13 m² 对您而言到底是多大？

那 13 m² 或 14 m² 会不会太少或过多？

不知道？

不知道才是正常！

如果您先决定了一个面积才来规划厨房，保证一定失败！客厅、餐厅、卧房、卫生间也是如此。

从今天起，请一定要建立一个观念：

厨房的大小不在面积的多少，而在于操作台的长度！

厨房有多大不重要，重要的是使用厨房时，操作是否方便、顺畅，收纳功能是否足够，而这些都取决于操作台是否够用。

可以说操作台越长，厨房就越好用，这样才能称为够大的厨房。

例如，现在有两间厨房，各为 16 m² 和 8.8 m²（图 7-1 和图 7-2）：

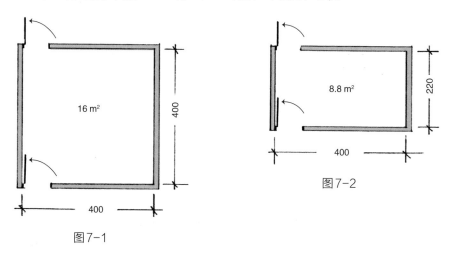

图 7-1

图 7-2

如果不考虑图 7-1 的厨房是否会因面积较大而挤压到邻近的空间，相信很多人都会选择 16 m² 这一间，是因为厨房越大越好吗？那么我们来看看摆上厨房所需的操作台、冰箱及电器柜后是什么情况？

图7-3

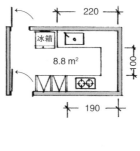

图7-4

按照前一页操作台越长厨房就越好用的说法，那么图7-3中16 m²的厨房的操作台长度为560 cm（220 cm+340 cm），较图7-4的8.8 m²、510 cm（220 cm+100 cm+190 cm）长的操作台多了50 cm，应该是较好用才对，但是图7-4的操作台虽然短50 cm，却只需图7-3约一半的面积而已。

功能几乎一样，却省下7.2 m²（16 m²-8.8 m²=7.2 m²），对于总面积仅有八九十平方米的住宅而言，7.2 m²真的太多了。就算几百平方米的豪宅，也不需用到近16 m²的厨房。

16 m²的厨房，操作台的长度绝对足够，不但足够可能还过多呢！问题是闲置空间太多，当你在厨房内料理时，你走来走去会用到的面积就只有如图7-5所示的蓝色区。

剩下的面积就只是走道的功能，你不觉得太浪费了吗？所以大并没有好处。

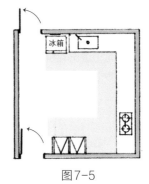

图7-5

为了要充分利用，你可能会设置一个中岛料理台，如图7-6所示。

图7-6

现在看起来好一点，中岛下方也多了些收纳柜。但是只为了一个中岛就要牺牲7.2 m²，值得吗？买房一平方米要多少钱呢？况且平心而论真正使用中岛的机会也不会很多，让访客羡慕倒是真的。再者，这种关在封闭厨房内的中岛，无法开放与餐厅互动，让人觉得可惜。只是为了填满闲置空间而做的中岛，我认为绝不可取。

至于8.8 m²的厨房，其操作台的长度虽然较16 m²的厨房短了50 cm，但扣掉燃气灶及水槽剩下的台面长度，至少也有285 cm（125 cm+160 cm），作为切菜、料理等作业面积已相当足够了（图7-7蓝色区）。

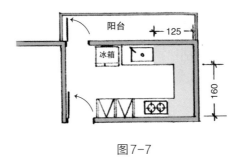

图7-7

（请量一下您家中操作台台面，扣除燃气灶及水槽之后的长度为多少？）

由于操作台的配置为U形，缩短了料理时走动的距离，洗好了菜转个身就可以切、炒，非常方便，而冰箱及两个电器收纳柜也能各得其所。

结论就是厨房的面积不需多，操作台的长度够不够长才是重点，这样的厨房才是最精简、理想的设计。改天您到朋友家，请不要再问你家的厨房有多少平方米这种问题了。只要看看他们的操作台长度如何即可。

但是这个8.8 m²的厨房配置，实际上还是有些问题。

为了进出阳台而产生的走道（图7-8所示蓝色区块）仍属于闲置空间，如果采用"走廊消除法"之"改变入口"及"把走廊融入公共区"这两个方法，则如图7-9所示。

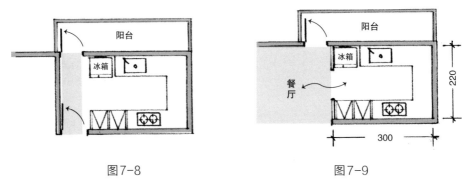

图7-8   图7-9

把走道左边的隔间墙全部拆除，则厨房即可直接与餐厅相通，让走道融入餐厅这个公共区，餐厅变得更大，而厨房的功能却完全没变。

看吧！现在这个厨房仅有6.5 m²，连7 m²都不到，但却是一个功能完善操作方便的厨房。

6.5 m²是配置完成后才计算出来的，绝不是先定出一个数字再去规划，这一点请永远不要忘记。

要营造小厨房大空间，有很多方法可以做得到，这些方法在前面几堂课中已经了解了一些，诸如：

1. 改变入口。
2. 营造凹陷区。
3. 缩小＝放大。
4. 向上发展的思考。
5. 恰当的隔间墙。
6. 解决凸出物。
7. 消除走道。
8. 增加收纳功能。
……

在前面几堂课的很多例子当中，凡是涉及厨房的部分，都是运用了这些方法，您可以回到前面再温习一遍。除此之外，在本堂课我还会再举一些不合理的厨房（这很可能就是您家中目前的状况）及改善方法的实例。

■ 基本观念

在举例之前，我们一定要先了解厨房的一些基本概念，虽说是基本概念，却影响了空间的配置。

一、操作台的上下柜

操作台上下柜的长度、深度、高度及形式（请记住相关尺寸），见图7-10所示。

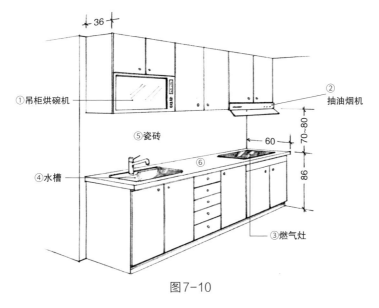

图7-10

①吊柜烘碗机：宽度为90 cm、高度为40 cm，另有嵌入操作台下柜的落地型烘碗机（宽度为60 cm、高度约为70 cm），我认为后者比前者更好用。

②抽油烟机有宽度80 cm和90 cm两种尺寸，图7-10②为隐藏于柜内型，另有外露的倒T形抽油烟机（图7-11）。

图7-11

倒T形的造型虽新潮，但其上方易积灰尘、油渍，清洁不易，售价高。

③燃气灶：宽度为70~80 cm，有两口灶、三口灶等，也有不用气体燃料的电炉。

④水槽：水槽的宽度须斟酌操作台的长度来决定，若操作台长度足够，可考虑在燃气灶旁加一水槽，炒菜时添水或洗炒锅均能就近操作，极其方便。若空间不够，仅能安装一个水槽时，也可以在水槽的左右各装一个水龙头，让两个人同时使用水槽，也是个好方法。

前述四项设备，其品牌、式样、尺寸繁多，请视预算自行选择。

⑤瓷砖：一片一片瓷砖拼贴而成的墙面，既耗工料且瓷砖与瓷砖之间的缝隙比较不易清洁。目前较经济美观又容易清洁的是采用可任选颜色的强化烤漆玻璃，直接粘贴于墙面。

⑥图7-10所示的操作台形式为一字形，根据空间的不同，也可设计成L形或U形，如图7-12和图7-13所示。

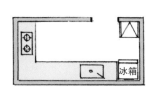

图7-12

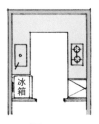

图7-13

以及附有吧台或早餐台的操作台如图7-14和图7-15所示。

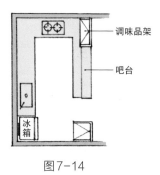

图7-14

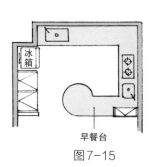

图7-15

以上所举的例子，皆适合较小面积的住宅，至于较大面积的房子，当然还可以有其他方案，以后有机会再举例。

二、冰箱的位置

有很多家庭，可能是厨房的空间不够，或设计不当导致冰箱只能摆放于餐厅，这对于厨房操作非常不便。冰箱当然要放置在厨房，但是应摆在厨房的何处？最好的位置一定是水槽的旁边，从冰箱拿出生菜、生肉等食物，可以就近进行清洗的工作。就像工厂生产线上顺畅的流程一样，这才是理想的厨房。

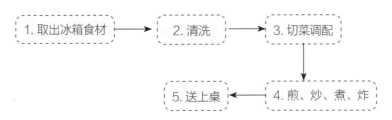

图7-16为流程不合理的例子：

进入厨房走到冰箱取出菜肉后，必须折返至水槽清洗，经过料理烹煮后再转身送出，流程极为不顺畅。如果冰箱是放在餐厅则更惨。

另外，水槽与燃气灶的配置也不对，它造成Ⓐ、Ⓑ、Ⓒ三处零碎的台面，我称这种现象为破碎的空间。不大不小的零碎空间最后就只能摆放烤箱、电饭锅之类的物品。

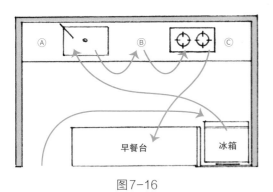

图7-16

图7-17则为顺畅的动线，而且操作台的工作台面变得更完整且宽长（Ⓐ、Ⓑ、Ⓒ集中在一起）。如果再稍微缩小一点早餐台的长度，则又可多得一个电器柜Ⓓ。

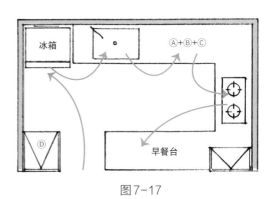

图7-17

三、电器用品柜

厨房里总会有烤箱、微波炉、电饭锅、烧水壶等电器用品，这些用品被摆满在操作台上，但是操作台的台面是为了料理之需而设置，绝不是用来摆放这些电器用品。

操作台台面一旦被这些电器占用，厨房的操作就会非常不便。

图7-18及图7-19的厨房空间看起来较大，却被一大堆杂物占满了台面，真正能料理操作的台面少得可怜。

图7-18

图7-19

唯有用"向上发展"的概念，设计一组电器柜，将这些电器集中放置于一处，以便厨房操作及美化你的厨房，如图7-20所示。

如果厨房的空间不是很宽裕，电器柜就做窄一点，只要有60 cm宽即可，不必如图7-20所示，宽为120 cm。

图7-20

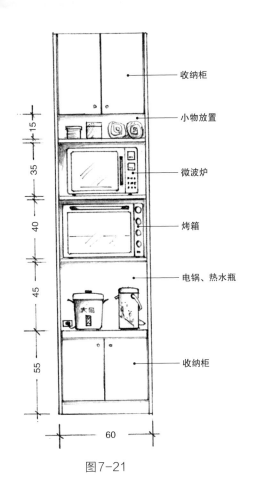

图7-21

右侧文字：

一般家庭在厨房用到的电器用品，除了冰箱外应属烤箱的体积最大，所以只要烤箱塞得进电器柜，其他如电饭锅之类也一定不成问题。因此电器柜的规划可如图7-21（烤箱尺寸大约为宽55 cm×高35 cm×深35 cm）。

图中标注：收纳柜、小物放置、微波炉、烤箱、电锅、热水瓶、收纳柜
尺寸标注：15、35、40、45、55、60

只要如图7-21所示的尺寸来规划电器柜，对一般家庭而言都已足够，至于果汁机、豆浆机这类体积较小的家电，则置放于收纳柜内即可，其配置大约如图7-22所示。

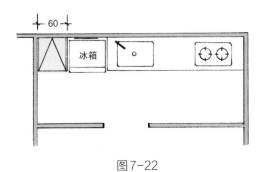

图7-22

这样的配置，厨房操作流程顺畅，电器用品统一收纳，不至于摆满操作台台面，这才算是不差的设计。

但是，我在前言曾说过一句话：不差的设计并不代表是极好的设计，刚才的平面图最大的问题就是空间没有充分利用，是哪里浪费了空间？请看图7-23。

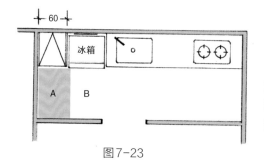

图7-23

为了要操作电器柜内的烤箱，你必须站在A区；为了要使用冰箱你也必须站B区，而A、B两区平常都是属于闲置空间，所以必须想办法缩小闲置空间的面积，如果把A、B两区合而为一呢？

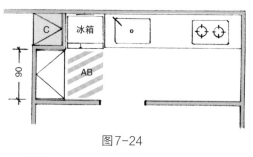

图7-24

首先把厨房的隔间墙改一下，再把电器柜往下移，同时转个方向，就可以让A、B两区融合为一，如图7-24所示。

原本只有60 cm宽的电器柜，顿时变成90 cm宽，可以收纳更多物品，厨房的面积看似变小，功能却反而变大。这样的改变会多出灰色凹陷区C，可以供给隔壁的卧房作为收纳柜，可谓一举两得。

但是，

这样还不够！

因为我们都忽略了厨房的入口附近也是闲置空间，如图7-25蓝色区所示。

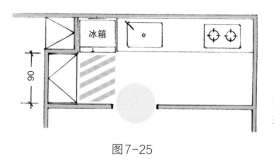

图7-25

造成这个闲置的蓝色空间，主要是因为厨房入口位置错误，如果以改变入口的方法将厨房入口左移，如图7-26所示。

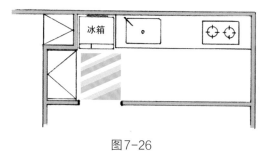

图7-26

则入口通道就完全融入A及B这两个闲置空间，达到一区三用。更重要的是增大了入口右侧隔间墙的壁面宽度（有关增加壁面的好处请回顾第1课），也可对厨房外的餐厅做更好的区域规划。

针对厨房入口左移以及餐厅的区域规划，我要不厌其烦地做剖析。

如同前面提到的零碎的操作台一样，本例因为厨房入口原处于较中央的地带，造成入口左右的两道隔间墙不大不小地形成零碎的两道墙，这样的配置会导致如图7-27所示的现象。

图7-27中进入厨房的动线有点曲折且餐椅正好挡住入口，进出厨房极为困难。图7-28将厨房入口左移，其好处无需多言！

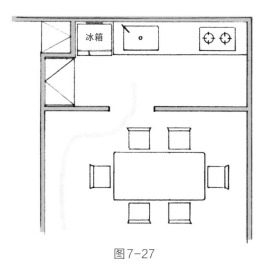

图7-27

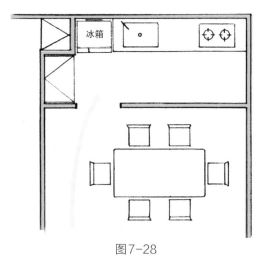

图7-28

但是，这样就很好吗？应该还可以更好吧！

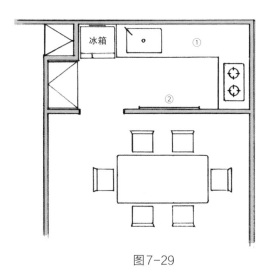

将操作台改为L形如何呢？如图7-29所示：
①操作台的台面不是变得更大才更好用吗？
②墙面可安装吊杆，方便吊挂抹布、月历、纸巾等。

图7-29

四、其他收纳柜

在厨房内的操作台虽然有上下柜可以收纳甚多厨房用品，但像是罐头、泡面、垃圾袋、家庭常备药品等小包装物品，放在操作台上下柜内其实也不理想，如果能善用小空间，则能发挥大作用。

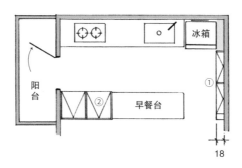

图7-30

为了要让冰箱散热好一点，通常我会让冰箱稍微离开墙壁（图7-30蓝色区），就在这个空隙外制作一个收纳柜①，不必太深，深度只要有18 cm（含门厚2 cm）就非常好用。

另外，因为空间还够，牺牲一点早餐台的长度就可以营造出第2个电器柜或收纳柜②。

五、中岛操作台

是什么样的人需要中岛操作台呢？

1. 喜欢找亲友来家中边聊天边包饺子的人。

2. 感觉原有的操作台不够用，必须扩增工作台面的人。

3. 房子面积够大，且大到有点空荡，只好做一个中岛来填满空间的人。

有中岛的厨房的确令人羡慕（图7-31）!

图7-31

中岛之所以称为中岛，就是因为它有可以洄游的动线，但也因为这样必须占用极大的空间。除非空间够大，否则请放弃吧！

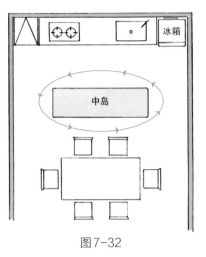

图7-32

如图7-32所示，中岛左右各有通道可进入厨房，看似方便，却必须牺牲更多的空间，甚至连餐桌椅都不能太靠近中岛。

并不是不能有中岛，但想要在家中厨房加一个中岛的人应该先回答3个问题：

（一）想要有中岛的原因是什么？

如果是因为操作台的台面不够用，那么应该设法调整厨房的空间利用，使操作台的长度变长即可，而不是去做一个中岛。这有点像是自以为屋内面积不够用，不先求内部的重整，却只盲目地做加法一样。如果是希望三五好友能围绕着中岛一起包饺子，那也不一定非得有中岛不可，半岛不也能达到一样的目的吗？

以图7-32为例，将中岛左右两通道其中一个省略改做其他用途，如图7-33所示。

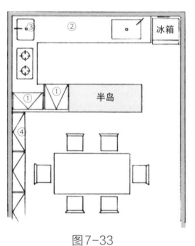

图7-33

①少了通道却多了一个调味品柜及电器柜。
②操作台也可改为L形，增长了台面。
③更可再加装一个水槽。
④连餐厅都可以加做一组餐厅用的储物柜。

（二）空间足够容纳得下一组漂亮的中岛吗？

过于短小的中岛非但不美观，其功能也不大，若达不到长度170 cm、宽度65 cm以上的中岛就请不必勉强了。

（三）你能在每次使用中岛完毕后，保持台面的清洁与整齐吗？

图7-34

相信有超过半数以上的人们向往拥有如图7-34左图一般的厨房，但这只是整理过后的中岛厨房照片或展示的样品。一般家庭的使用者，除非是非常爱干净且勤快的人，否则中岛最后只会变成堆放杂物的平台（图7-34右图）。

中岛操作台原则上还是用于大面积住宅，才能相得益彰，否则只会沦为为设计而设计。住宅设计以实用为主，而不是别人家有的我也要有，不能只是一味地模仿。

六、与家务间相通的厨房

很多开发商在盖房子时，对于屋内的空间规划都很不到位，不是把厨房的空间预留得太小就是太大。如果你不幸买的就是这类较大空间配置的厨房，请先别担心，这也许是幸运。

前文我们看到的厨房案例，其实都只是很简单的厨房配置，如果能在厨房旁边连接一个家务间，从而在从事厨房操作时也能就近兼顾其他家务，是极为方便的组合。

那么要与家务间相通，则需要的空间就要稍大些。

例如图7-35：

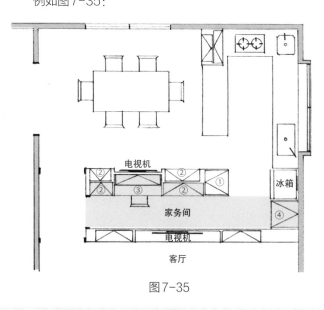

不要以单纯的隔间墙来隔出家务间（图7-35蓝色区），而是以橱柜来做区隔，则可创造出：

①电器柜。

②餐厅与家务间双方各自能使用的收纳柜。

③工作台，可以做缝纫工作或当写字桌。

④第二个电器柜或较大物品的收纳柜。

图7-35

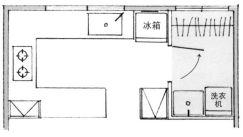

图7-36

也可连接一间洗衣晾衣间（图7-36）。

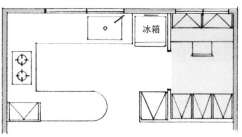

图7-37

或是小写字间兼储物室（图7-37）。

但是下面这种情形（图7-38）反而不应让厨房与洗衣晾衣间（或家务间）相通。

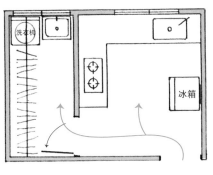

图7-38

1. 冰箱为凸出物。

2. 操作台台面太短。

3. 操作台有凸出尖角。

4. 没有电器柜。

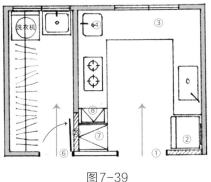

图7-39

应改为如图7-39所示：

①将原厨房门往左移。

②冰箱不再是凸出物了。

③操作台变长了。

④可以再加装一个水槽方便烹饪时添水或洗锅。

⑤将原本进入洗衣间的门封闭。

⑥洗衣间门移至此处。

⑦电器用品柜。

⑧燃气灶旁的调味品柜。

只是运用了改变入口这个方法，厨房变得大多了，而且没有凸出物。

七、开窗与窗台

我们常会看到一些很漂亮的厨房（无论是实景或照片），但是你可能没注意到：它们之所以漂亮，其实有部分因素是来自操作台前的窗户与窗台，说它是灵魂之窗也不为过（图7-40）。

图7-40

有了窗户，厨房的光线就充足明亮，窗台则是操作台深度的延伸，无论是摆上小盆栽或是暂放厨房用品都极为方便。

但是要注意的是，这个窗户，一定是扁平型而非瘦高型的窗户。因为即使是一样面积的窗户，因其形状的不同，其光线照射进厨房的量或是看出去的视野都是截然不同的（不只是厨房，其他如卧房、客厅等空间也都应以这样的观念来思考），如图7-41、图7-42所示。

瘦高的直立式窗

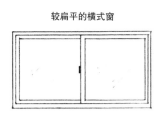

较扁平的横式窗

图7-41

图7-42

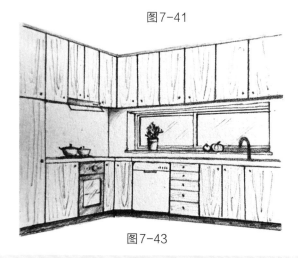

图7-43

况且横式窗的窗台也会跟着变长，而越长的窗台就越美，也越好用，就如操作台越长越好一样。

另外，横式的窗户其上方可以制作一整排连续的吊柜，如图7-43所示。

而瘦高的直立式窗会使窗户两边的吊柜凸出，且因窗户极高，致使清洁擦拭玻璃的工作相当不易。

不幸的是，很多商品房大多是直立式窗的建筑（图7-44）。

图7-44

为什么呢？为什么开发商都会盖成这样的房子呢？

这个问题本来与本堂课探讨的厨房没有很大的关系，但是一想到错误的设计，就令我不吐不快！

其实也不能全怪开发商，因为这是根据建筑设计公司的设计来施工建造的。如果建筑设计者能在一开始就设计成横式窗的话，窗户就不会那么高了。

因为很多的建筑设计者都把窗户设计成紧贴在梁下，而一般建筑物的梁高离地至少也有250 cm以上，自然窗户就会变得很高了（图7-45）。

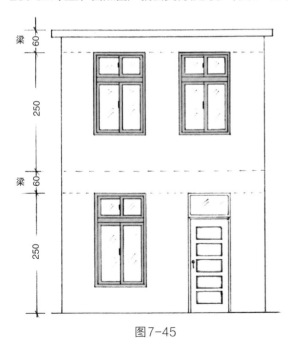

每扇窗户都从梁下开始安装。

图7-45

窗户为什么要装在梁下呢？因为每根梁的水平高度都一样，只要将窗户从梁下开始装，则每扇窗的高度都会一样，建筑外观就会整齐。建筑设计者只要交代一扇窗的高度，然后请施工者全部按此高度施工即可，对设计者而言施工图就很容易画。

他们从不去思考这么做会造成建筑成本更多的支出，也不了解居住者日后生活的不便。

一般我们看到的窗户，很多是含有气窗的窗户，如图7-46所示。

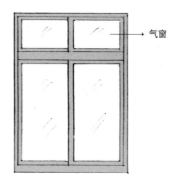

图7-46

为什么会做成上下两截的窗户呢？

原因如前文所述，如果紧挨梁下装窗，窗户就会变成很高，而当窗户高度比宽度多很多时，开关窗户就会非常不顺，常会有翘头或翘尾的现象（图7-47）。

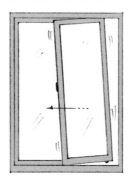

图7-47

所以，改为上下两截式时，高宽比的差距就不会那么大，才能容易推拉开关窗扇。而且上半截的窗户做小一点，正好作为换气的气窗使用，也算是一举两得。

但是！看似合理的设计，却存在六个大问题：

（一）作为换气用的气窗，不应该做在上面，反而应该做在下方才对，因为大家都知道对流现象是屋外的冷空气从下方进入屋内，并将热空气往上推升，让居住者立即感受到徐徐凉风，其效果比将气窗留在上面更佳（图7-48）。

图7-48

（二）其实想要通风的话，只要打开窗户即可，何必要气窗呢？把气窗这个部分省略改为砌墙，如图7-49右图所示，无论砌墙的方式是灌浆或砌砖，若是在粗胚工程中施工的话，几乎不需另加费用。

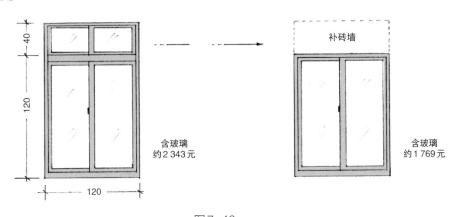

图7-49

如果是老屋翻新，顺便换新铝合金窗，则右图的补砌砖费用加上外墙贴瓷砖等费用也绝不超过230元/扇。

可是一扇窗的价格却差了574元，1 769元的窗加上230元砌墙费用为1 999元，仍是比2 343元的窗省了344元，房子的窗户数越多，则费用越省。

（三）同样的道理，因为窗户的面积变小了，屋内需要的窗帘面积也会跟着变少，以刚才的例子就少了0.48 m²。想想看窗帘的制作费可以省多少？有气窗的窗户窗帘费用需644元，而无气窗的仅需460元，又省了184元。

（四）由于窗户很高，若要加做不锈钢防盗窗，费用会更多，也已不用多言。

（五）有了气窗就多了一条轨道，如果窗户的气密性不佳，则遇大风天，窗户进水的地方就增加一处。

（六）清洁工作不易，需动用到梯子，刚才已做说明。以上已列出许多有气窗的缺点，所谓的气窗几乎一无是处，以后要不要用，就看你的抉择了。

即便是没有气窗，但面积一样的直式窗价格也比横式窗贵一些，因为直料与横料成本不同（图7-50）。

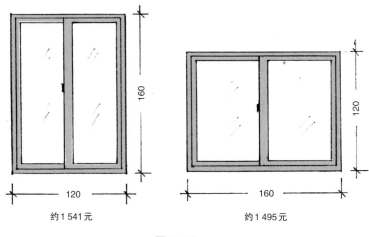

图7-50

了解厨房的基本概念后要开始举些实例了。

例（一）：这是厨房加盖后的实例（图7-51）。

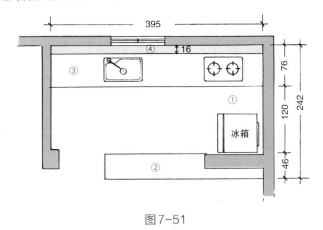

图7-51

阅读本书至此，您应该可以很明显地看出最严重的错误在冰箱吧！

①没错！由于冰箱摆放在厨房的右下角，这个大型凸出物使炒菜者必须挤在冰箱与燃气灶之间的狭缝中，极不合乎常理。

②早餐台，原则上没有太大问题。

③因为没有电器用品柜，所以微波炉、电饭锅等就只能占用操作台或早餐台的台面了。

④这是当初为了能放置瓶瓶罐罐而特别砌砖制作的小平台，这个小平台面积为16 cm×395 cm，置放小物确实方便，但是浪费了太多空间，别看它只有16 cm深，如果把总长395 cm分成5段再重组，其面积等于79 cm×80 cm，足足比一个冰箱所占的面积还大，然而却只拿来放几瓶洗洁精、酱油等实在可惜（图7-52）。

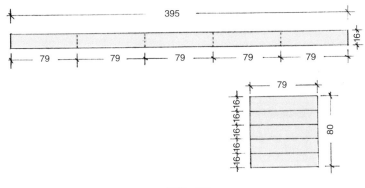

图7-52

空间的利用，就是要以这种分割、重组的概念来思考。

您一定在想：真的有这样的厨房？

那么就让您看一下实景吧（图7-53）。

16 cm小平台 ——

图7-53

1. 如果不做这16 cm的小平台，操作台就可以往左移16 cm，厨房的空间就会变大。

2. 操作台的上方除了抽油烟机外，无其他任何收纳柜，没有利用顶部空间。

3. 冰箱的上方也是同样的情形，所以只能在冰箱上堆放一层杂物。以现况而言，冰箱上制作一个收纳柜也没道理，因为冰箱放在这里一开始就错了，岂能错上加错地在其上方制作收纳柜呢？那只会徒增庞大凸出物而已。

4. 冰箱右侧及后方的缝隙沦为藏污纳垢的空间。

5. 所幸的是早餐台上方有一些收纳吊柜，稍能弥补收纳柜的不足，只是早餐台成为堆积杂物的平台，已失去早餐台的功能了。

6. 墙壁上吊挂了三四件汤锅，这是往上发展的概念，相信每一个人都会想办法利用墙面，这也印证了第1课谈到的壁面的重要性。但是，更应该思考如何悬挂或收纳于何处？

修改后的厨房如图7-54所示。

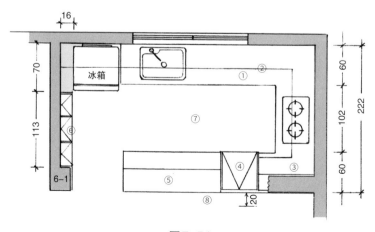

图7-54

①将操作台改为L形，增大作业台面。

②操作台上方的吊柜当然也要跟着做满。

③这个凹陷区就可悬挂锅具等，因处于凹陷区有隐蔽零乱的效果。

④可以摆放微波炉、电饭锅等的电器柜。

⑤上下两层式的吧台柜。

⑥利用6-1柱子形成的凹陷区，制作一个存放罐头、泡面、饼干等小物的收纳柜，深度16 cm足矣。

此收纳柜做到接近冰箱即停，剩下一点小空间就作为冰箱的散热空间。不要以为这样有点浪费空间，若以两权其"利"取其重而言，牺牲16 cm×70 cm（蓝色区）却赚得16 cm×113 cm更为好用的小物收纳柜是绝对值得（图7-55）。

原本厨房内净空间有120 cm，现在虽缩小为102 cm，仍属宽裕，并且成就了60 cm的吧台，比原本的早餐台深度多了14 cm，同时也让餐厅多了20 cm的深度（黄色区⑧）。

图7-55

看一下前后对比图（图7-56与图7-57）：

改造前：

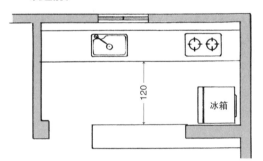

图7-56

改造后厨房面积变小，功能却变多：

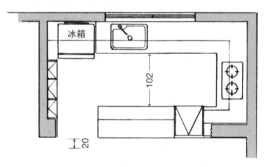

图7-57

改造后实景（图7-58）：

图7-58

例（二）：

前些日子，好友的孩子买了一个两室一卫的房子，含公共区域虽有76 m²，但实际室内面积仅有44.6 m²，好友请我过去帮他儿子看看如何利用这么小的空间，尤其是厨房又正好与卫生间相对，也希望能有所改善（图7-59）。

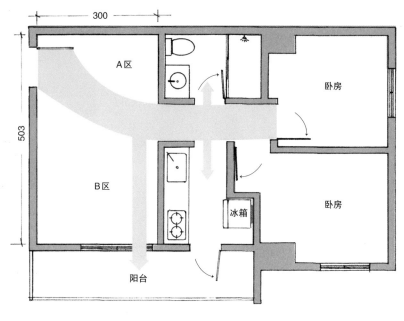

图7-59

观察这房子的平面图，确实存在着几个问题：

1. 厨房与卫生间相通，卫生不佳。

2. 厨房内的电器用品无处可放。

3. 操作台的台面太短。

4. 无论餐桌要摆放在哪里，从厨房端出饭菜到餐桌都极为不便。

5. 从大门到卧房的主要动线（带状蓝色区）将客厅、餐厅一分为二，如A、B两区，而B区又必须留出一条过道以便进出阳台，原本已不大的空间，全被过道破坏得支离破碎。

6. 一般家庭从大门进来，第一个空间大多设置为客厅，目前的A区受到过道的影响，最多只能摆上两张单人坐的沙发，如图7-60所示。

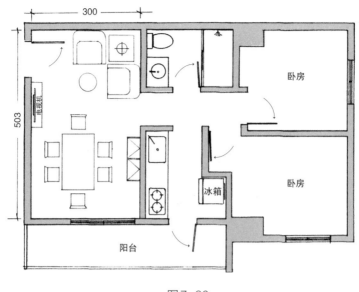

图7-60

7. 如果把客厅与餐厅对调呢？如图7-61所示。

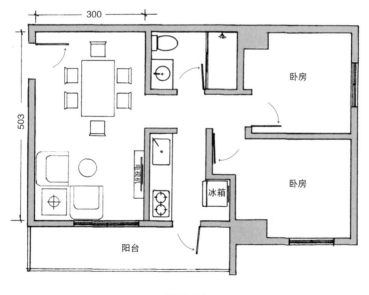

图7-61

好像也没什么好处。

无论是图7-60还是图7-61的配置都是一大堆凸出物，所有的家具都成为障碍物。况且更重要的厨房正对卫生间的问题仍然完全没有解决。

针对这些问题我们就从厨房开始思考吧。

解决厨房与卫生间相对的困扰，最简单的方法就是改变其中一间的入口。但是我们观察卫生间的配置已是干湿分离，原则上没什么大问题，若要改变卫生间入口显然将会大费周章，得不偿失。所以只能从厨房下手了。

考虑到前文提到的厨房问题，就更应该改变厨房的入口（图7-62）。

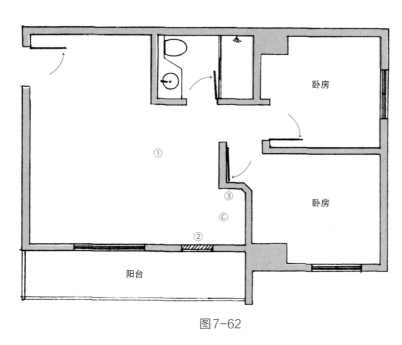

① 先将厨房的隔间墙拆除。

② 把原本通往阳台的边门封闭，因为它的左边已经有一个落地门，而进出阳台并不需要两扇门。

③ 稍微调整卧房与厨房的隔间墙，让ⓒ区变大些。

图7-62

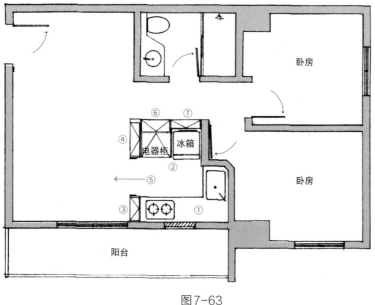

接着就可以做出如图7-63的规划：

① 操作台改为L形，台面就变大了。

② 冰箱与电器柜并排摆放。

③、④为厨房外的储物玻璃柜。

⑤ 厨房的出入口完全改向了。

⑥、⑦则为从过道使用的收纳柜。

图7-63

这样的规划不但增加很多的收纳功能，同时也解决了厨房与卫生间相对的问题。

然后，我们就可以把餐桌摆上去了，如图7-64所示。

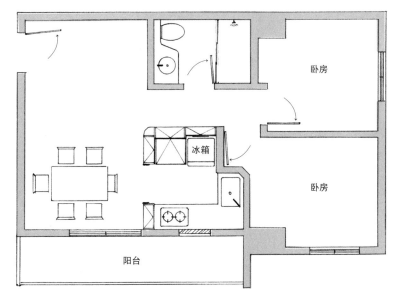

图7-64

如此一来，餐厅就在厨房的旁边，无论是送菜或收拾碗筷都将极为方便。剩下就是颇为棘手的客厅区了（本堂课虽旨在谈论厨房，仍要顺便解决一下客厅）。客厅区乍看之下颇为方正，其实不然，正如第4课所提，客厅区被过道分割破坏了完整性（见第105页及第198页）。

唯有再次运用"改变入口"的方法，将大门往餐厅方向移动，才能解决（图7-65）。

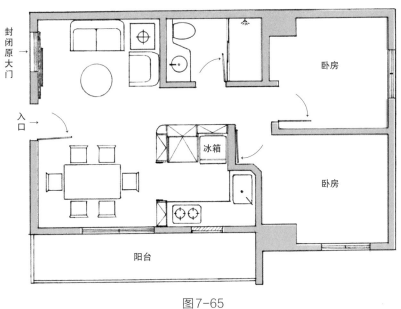

图7-65

原本不太可能作为客厅的A区（图7-59），因入口位置移动，现在已能不受干扰地处于固定位置，且能容纳"2+1"人座的沙发。经由两次的"改变入口"让整个空间完全改观，再一次地见证了"改变入口"这个方法能使空间变大的威力。

如果您不想移动大门或环境根本不允许的话，那么也可以采取图7-66的方式。

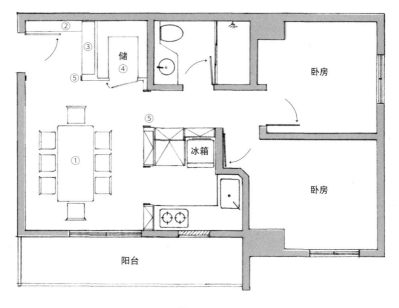

图7-66

①将餐桌加大改为8人座的餐桌椅组，可接待更多的访客。

②在门后做一个穿鞋矮柜。

③玄关鞋柜。

④一间超级好用的储藏室。

⑤别忘了加一个门框，以消除储物柜的凸出尖角。

这样的规划也许比强加一个小客厅来得更好，有谁规定一定要有客厅呢？又有谁说客人一定得坐沙发呢？只有三个人坐得下的沙发，万一来四个客人如何是好？

平心而论，在招待访客喝茶、吃甜点时，沙发其实是很不好坐的椅子，还不如餐桌椅来得方便与舒适。

改造前后平面图见图7-67~图7-70。

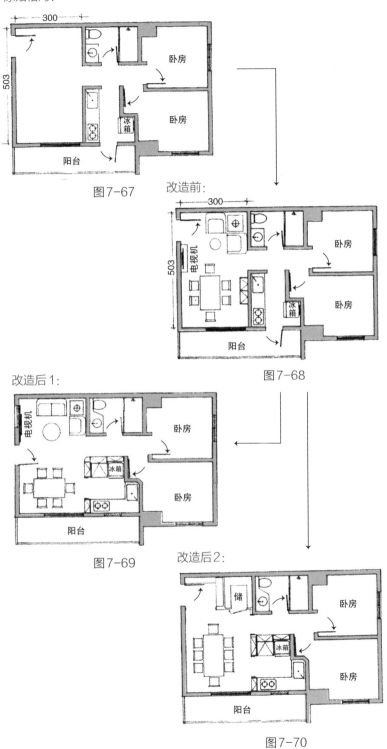

原始格局：

300

503

卧房

卧房

冰箱

阳台

图7-67

改造前：

300

503

电视机

卧房

冰箱

卧房

阳台

图7-68

改造后1：

电视机

卧房

冰箱

卧房

阳台

图7-69

改造后2：

储

卧房

冰箱

卧房

阳台

图7-70

例（三）：

这是一幢两层楼的别墅，其中一楼的平面图如图7-71所示，室内共58 m²。

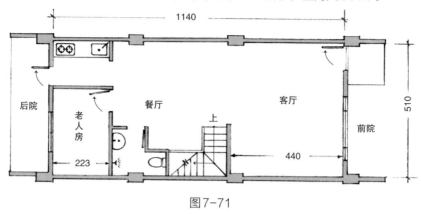

图7-71

光看这平面图就知道厨房太小，而客厅与餐厅的空间却预留过多。

实在无法理解为何盖出这种格局的房子。

可以推想的是：

1. 一般买房的人总希望客厅、餐厅越大越好，于是开发商与建筑设计公司就顺应大众的期望。

2. 本例的厨房那么小，最主要的原因是建筑设计者延续老人房的隔间墙来界定厨房的空间，以为这样做的话餐厅的空间会比较平整方正（像这样的设计比比皆是）。老人房也许不必很大，但厨房为什么就非得跟着对齐不可呢？

3. 老人房左右宽度仅有223 cm，确实不宽，为何会设计成这么小间的老人房？因为楼梯下的卫生间挤压到它，追根究底就是一步错步步错！

一开始楼梯的位置就是错误的，这才会将卫生间往后院方向推，卫生间当然就会挤压到老人房，而老人房又不能往后院推，因为那会超出容积率。

如果一开始楼梯能往客厅方向右移40~50 cm（客厅宽度减少40~50 cm并无影响，当然柱位也要右移），则卫生间就会跟着往右移，而老人房的宽度就会多40~50 cm，若厨房一定要与老人房对齐，那么厨房至少也可以跟着放大。

现在我们来看看开发商在宣传时，样板间的内部设计，如图7-72所示。

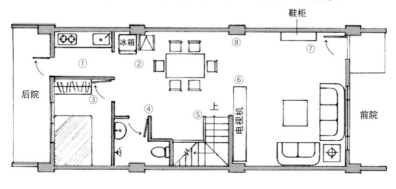

图7-72

①由于厨房过小，完全无法摆放冰箱，即便较小体积的电器柜也会阻碍过道的顺畅，因此也没能安排电器柜。

②只好占用餐厅的空间摆放冰箱及电器用品柜，但如此一来就形成大型凸出物。

③因为老人房开门位置错误，造成衣柜的凸出尖角。

④卫生间的门距离餐厅太近，且其格局也是大型凸出物。

⑤楼梯的头几阶都是凸出物。

⑥电视矮柜最为突出。

⑦入门就会碰到凸出的鞋柜。

⑧屋内凸出的柱子不知如何处理。

除了上述这些问题，一进门就看到客厅、餐厅、厨房，正是常见的毫无遮掩，令人无法产生期待感。此外客厅有超过三分之一的空间完全无作用，只是拿来当作过道而已，形成空间的浪费，至于收纳空间更是严重不足。坦白说这根本称不上设计，它只不过是把家具摆上去而已。本书看到这里也已接近末尾，该不会有人还要坚持认为这是极简风吧？

既然有这么多问题，不如就从厨房开始吧！首先要解决冰箱及电器柜的摆放位置（图7-73）。

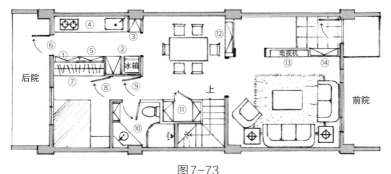

图7-73

①拆除老人房与厨房之间的隔间墙改以木制隔间墙（如黄色区），因为木制隔间墙的厚度比原来的混凝土隔间墙薄，可以节省一些空间。

②可以摆上电器柜及冰箱。

③在凸出的柱前可做一个收纳柜，解决了柱的凸出。

④操作台台面比原先的更长了。

⑤与老人房内的衣柜背靠背做两个收纳柜，此收纳柜虽浅但放置罐头、牛奶罐之类的小物非常好用。

⑥当然出后院的门也要稍微移位。

⑦老人房内的衣柜变得更大了，而且原本衣柜的凸出尖角也不见了。

⑧老人房门。

⑨加做一个门，当此门关闭时，老人房即成一间套房。

⑩卫生间也调整了内部的配置，不但干湿分离，且多了一个储物柜。

⑪在楼梯与卫生间之间的凹陷区以木作隔出一间储藏室。

⑫为避免一进门就看到餐桌及厨房，以餐厅使用的咖啡杯盘柜作为隔断。

⑬制作电视柜作为玄关的隔断，同时拉近电视机与沙发间的距离，避免电视机离太远不容易观看。

⑭玄关处的鞋柜。

例（四）：

这个案例正好与上一个例子相反，为了在厨房内容纳得下冰箱，将厨房的隔间往大门的方向延伸，预留了冰箱的位置，这种规划叫作顾前不顾后，完全不管是否会挤压到其他空间。最糟糕的是卧房的隔间墙竟然与前例犯同样的错误：卧房的隔间墙与厨房同在一条线上，如图7-74所示。

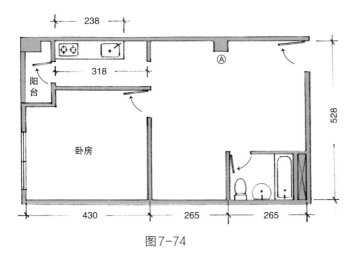

图7-74

这种错误使得卧房变得太大，若加上厨房及后阳台的面积，几乎占了整个房子的一半，在总共仅有50.5 m²的空间里，其比例显然有问题，尤其是入口大门的位置不当和突兀的Ⓐ柱及卫生间的开口都让客厅、餐厅的配置极为困难，更何况想再增加一个房间。这种格局只能做如下的规划（图7-75）。

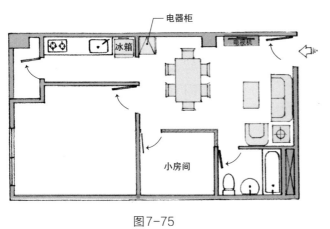

图7-75

您不觉得这样的设计很奇怪吗？本书读到现在已接近尾声，不应该再有仅靠家具来填空，或"哪里有空就往哪里隔个小房间"的这种"填鸭"式思维了。

如果把卫生间的门移位改向，沙发虽可以再增加一人座，但进出卫生间都得经过小房间，使用上极为不便，如图7-76所示。

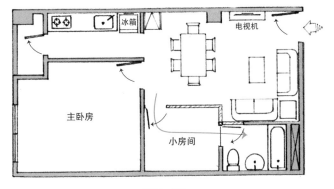

图7-76

那么把小房间与客厅对调如何？如图7-77所示。

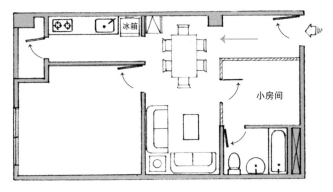

图7-77

餐桌椅完全变成阻碍交通的大障碍物，客厅也变得更小了，进出卫生间仍然得经过小房间，只好把小房间缩小，如图7-78所示。

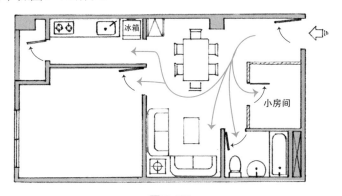

图7-78

现在动线较无阻碍了，但小房间因变小已经无法成为卧房了，客厅也极为拥挤，这样的设计您不会接受吧？

所有的问题都只有一个原因——厨房太大了!

回顾图7-76~图7-78,客厅加餐厅的面积竟然与厨房加主卧房差不多,甚至有可能更小,这在设计合理性及配置比例上都存在极大的问题。正如我一再提到的"让该大的地方大,该小的地方要小",将客厅、餐厅变大吧! 客厅不怕大,卧房不怕小,客厅、餐厅要变大,只有缩小厨房及主卧房的面积了(图7-79)。

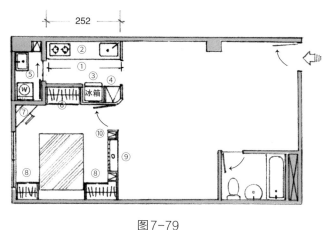

图7-79

①将厨房长由318 cm缩减成252 cm。

②空间虽然缩短了66 cm,操作台却增长了14 cm(238 cm-252 cm)。

③将冰箱摆放于此。

④冰箱的右边就是电器柜。

⑤后阳台就作微洗衣、晒衣间,原推出门改为拉门。

⑥衣柜虽然稍微变小些,但可以找其他地方来补足。

⑦加做一个化妆桌。

⑧床两边的衣柜可以补⑥的不足。

⑨制作一个针对客厅用的窗台,可以从卧房的窗户引光线经由这个窗户投射至客厅。

⑩窗台左右的置物架由卧房使用。

现在剩余的空间增大不少,增大客厅、餐厅及另设一房就会变得容易些。

虽然客厅、餐厅可以使用的面积变大了,可是若检视图7-76~图-78,无论哪一种规划其存在的问题绝不会因为空间变大就能解决。

最关键的地方就在于两个出入口: 一个是大门,另一个则是卫生间的门。

现在先试着移动入口大门看看，如图7-80所示。

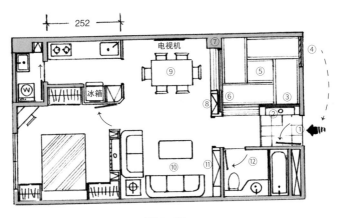

图7-80

①将原大门拆下移至卫生间旁。

②制作一个玄关鞋柜，同时也是和室的隔间墙。

③和室拉门平时藏于玄关鞋柜之后，有需要时再拉开或关闭即可。

④将原入口门封闭。

⑤榻榻米四叠半（约7.29 m²）的和室可当客房，有两个出入口：一个从玄关处进出，所以玄关会有开阔感，另一处则可通往餐厅，视觉延续非常好。这种隔间法毫无闭塞感，而且具有洄游性的动线[1]增加空间感。

⑥和室的两片纸拉门（障子门），关上拉门就可与餐厅有所区隔。

⑦柱子也有90%被隐藏了。

⑧储物柜。

⑨餐厅变大了，不再阻塞通路。

⑩沙发已经可以摆放"2+3"人座，客厅也变大许多。

⑪还有更多的空间可以再做一个储物柜呢！

⑫原本也是很棘手的卫生间门，看样子是完全不必变动了，不过最好顺便把洗脸盆改成洗脸台柜，浴缸边上再加个淋浴拉门使干湿得以分离。

做了隔间墙后空间变大、功能增强、光线更好、视觉更穿透，这才是设计。

改造前后的平面图见图7-81~图7-83。

1　有关洄游动线将于第8课详解。

改造前：

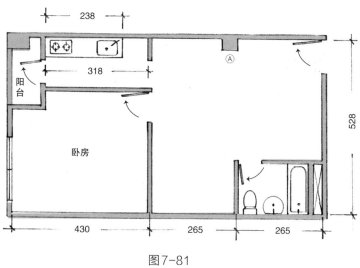

图7-81

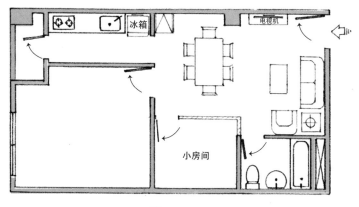

图7-82

改造后：

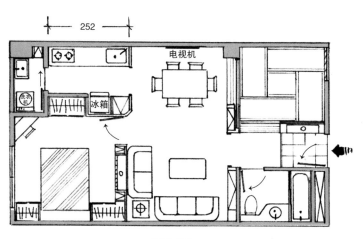

图7-83

把图7-83的平面图转个方向（图7-84），方便你对照完工后的实景图（图7-85~图7-87）。

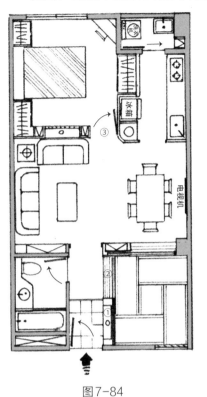

图7-84

图7-85　由入口往内看

①玄关鞋柜

②隐约可看见
和室入口

③可看见远方
的卧房

图7-86　站在玄关往客厅、卧房看

图7-87　站在和室往客厅、卧房看

例（五）：

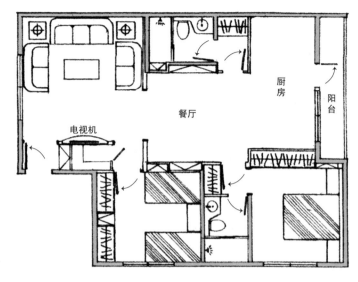

图7-88

这是延续第162页、163页未完成的例子，如图7-88所示。

由平面图观之，厨房相当大，其实不然，主要原因就是被阳台门拖累所致。为了要进出后阳台，势必会把厨房分割成A、B两区，如图7-89所示，结果是两区都使用困难（可回顾第105页）。

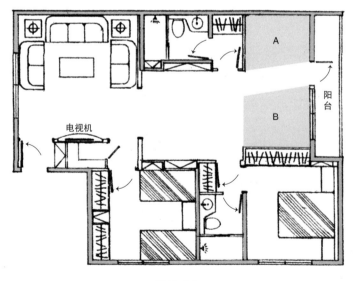

图7-89

这个阳台门说它是空间的破坏者一点也不为过。唯有封闭此门，厨房空间的完整性才能得救。

由于厨房不需那么大，所以应该挪出一部分作为其他用途，例如洗衣间（图7-90）。

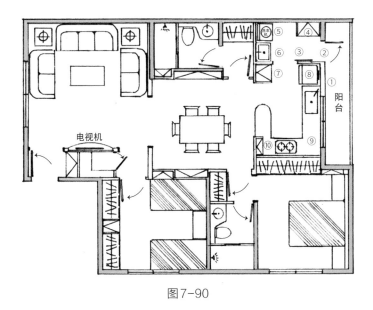

图7-90

①将阳台门拆除并封闭其门孔。

②把拆下的阳台门安装于此。

③隔出一间洗衣间，洗衣间门采用拉门方式较省空间。

④洗衣间内的储物柜。

⑤洗衣机。

⑥水槽。

⑦电器收纳柜。

⑧冰箱。

⑨附有早餐台的U形大操作台相当够用。

⑩调味品架。

最后摆上餐桌椅就大功告成了。

回顾这些例子，都是经过仔细计算与思考，让该大的地方大，该小的地方小。平面图看起来虽然复杂，但完工后反而是简洁、方正、方便、功能性极强，有隐秘性但视觉又能全然穿透，清洁打扫工作容易的好设计，这才是极简风的精神所在，这种设计也许可以称为新极简风吧！

例（六）（本例为第131页尚未完成的例子）：
该例已经以改变楼梯的形式解决了客厅的缺憾，现在要接续探讨厨房与餐厅（图7-91）。

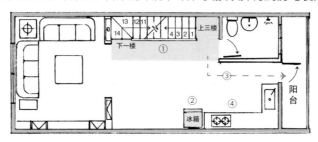

图7-91

①从一楼上到二楼（本层楼）之后必须留出一条过道（蓝色区）以便上三楼，所幸的是这条过道融入餐厅区，所以没什么问题。

②冰箱这个凸出物破坏了餐厅空间的完整性。

③厨房空间看起来较大，但那只是面积大。前面已说过：厨房的大小不在面积多少，而在于操作台的长度。在这个例子中，约有三分之一的面积都浪费在为了进出阳台而留下的闲置空间，形成大而无用的厨房。

④厨房虽大，却看不到电器柜，如果想摆个电器柜的话，无论您摆在哪里，都将又是一个令人讨厌的凸出物了。

解决方法如下（图7-92）：
①运用改变入口的方法，将原出入阳台的门及门框拆除，并将该孔洞封闭。
②将拆下的门安装于此。
③水槽操作台改设于此。
④将冰箱移储水槽右侧。
⑤制作一个储物柜，它是厨房及要上三楼楼梯第1阶两面使用的收纳柜。
⑥木制隔间墙区分厨房、餐厅及楼梯。
⑦要上三楼的第1阶及第2阶以改变楼梯形式的方法改造如图7-92所示，则三楼的空间将会多出50 cm的长度，而对二楼的餐厅空间却不会有任何影响（可回顾第5课）。
⑧再设一个电器用品收纳柜，其右边则为炒菜操作台。
⑨出入阳台的过道终于融入厨房区了，即一个空间两种用途，既是过道也是厨房的操作区。

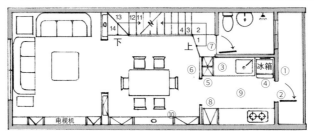

图7-92

接着摆上餐桌椅，因为餐厅空间还有剩余，所以再做一个储物玻璃柜⑩。

看到了吗？现在每一区都变得又宽敞又方正，客厅与餐厅之间虽然有做隔间墙，但该隔间墙是以端景柜及储物柜做成，属于有用途的隔间墙，且两区的视觉穿透或延续效果极佳，是值得点赞的设计。

第 8 课
绕回起点的动线

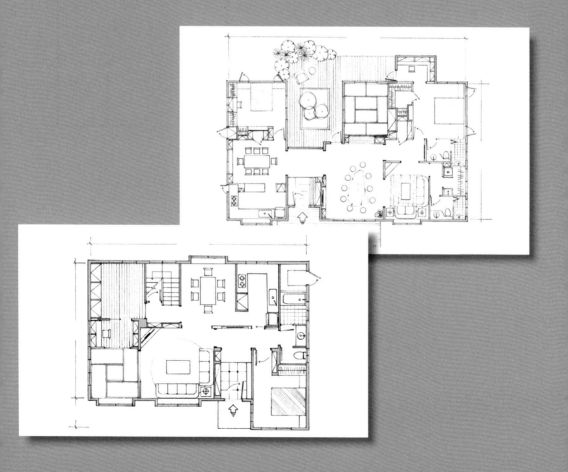

大家都知道"动线"这个名词，也希望自己的住宅能有一个好的动线。

但是，良好的动线究竟是什么呢？

它应以何种状态呈现呢？

动线越短越好？

动线就是从一个空间到另一个空间的行进路径，如走廊、过道。在第4课"消除走廊"里我们谈到很多缩短走廊的方法，那些方法都改变了原本的动线，而那些动线都可以称为良好的动线。

但本堂课要探讨的是更进阶、更能扩大空间效果的动线，那就是：

绕回起点的动线。

能绕回起点的动线才是真正的好动线。

何谓能绕回起点的动线？

在回答这个问题前，要先看图8-1和图8-2，从大门进入屋内各空间的动线。

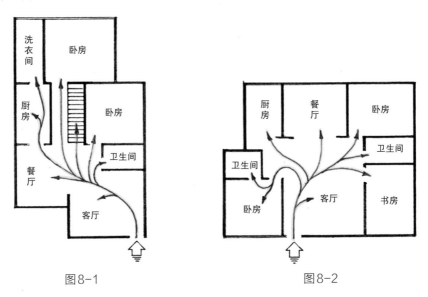

图8-1　　　　　　　　　　　　　图8-2

你觉得这样的动线（蓝色线）如何呢？

如果把它们的动线单独画出来，则如图8-3和图8-4所示。

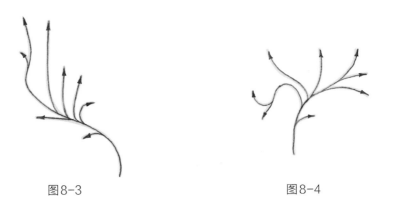

图8-3　　　　　　　　　　　　　图8-4

真是两幅漂亮的图案啊!

可惜的是这样的动线正与我所说的能绕回起点的动线完全相反,它们是无法绕回起点的动线。想要回到起点就必须走回头路(原路返回),用更简单的图解说明就比较能理解(图8-5、图8-6)。

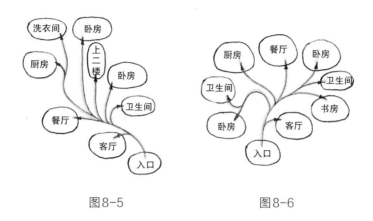

图8-5　　　　　　　　　　图8-6

像图8-5和图8-6这样由起点开始前进到任何一个空间之后,必须由原路退回才能到达下一个空间,完全无法顺畅地洄游至任意空间的动线就是不能绕回起点的动线。

那么能绕回起点的动线是什么?

图8-7就是能绕回起点的动线,无论你从起点到任何一个空间,又从该空间以不必退回原路的方式,直接就可以"洄游"至下一空间,甚至到下下一个空间,这种以洄游的方式行进而可绕回到起点的动线,就是能绕回起点的动线。

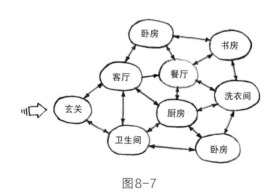

图8-7

能绕回起点的动线到底有何优点?

1. 几乎看不到走廊(没有走廊的房子其优点已经在第4课详述过)。

2. 它会让您感觉像在走迷宫一样,会觉得房子变得很宽大、深幽。

3. 经由精密的规划而做了恰当、巧妙的隔间墙,不但能使每一个空间保有一定的隐秘性,又能增加视觉的延续效果及开阔感。

4. 不断激发出期待感,让人一再地期盼着下一个惊喜,并在不断地探索中得到乐趣与喜悦。

例（一）：以下为某住宅，面积约为 148.5 m²，采用钢筋混凝土结构。

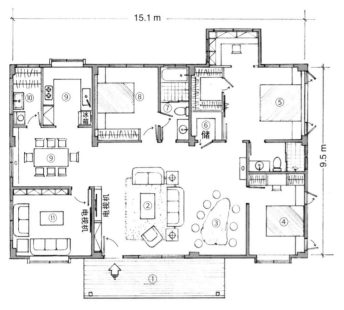

图8-8

观察本平面图（图8-8），可以看出整个配置由下列各功能区组成：

①屋前的回廊。

②客厅沙发组。

③业主的至爱——桧木泡茶桌。

④客房1。

⑤主卧房及其内置卫生间、书房、衣帽间。

⑥储藏室。

⑦公共卫生间。

⑧客房2。

⑨餐厅及厨房。

⑩洗衣间。

⑪起居室。

住宅内储物空间不小，功能齐全。

现在请您用铅笔按照第216页的方式从大门入口开始画出通往各空间的动线。

画好了吗？想必您画的应该和下图差不多吧。

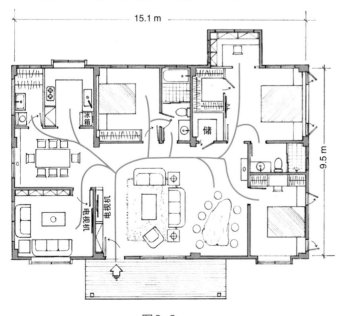

图8-9

这个设计有什么问题吗？

没有！它可以说是不差的设计（图8-9）：

1. 每一个空间都非常方正。

2. 各空间的大小比例也很恰当。

3. 厨房操作台够长，又有凸窗、电器用品柜。

4. 餐厅也比较大，可以容纳8~10人。

5. 洗衣间的空间也刚好够用。

6. 除了大客厅，还有一间较私密的起居室也很不错。

但是，不差的设计并不是很好或极好的设计。

主要的关键就在于它的动线是属于无法绕回起点的动线。

按照上一页的需求，欲规划出可绕回起点的动线的话，这个动线一定是与原动线截然不同的。因为不同的动线，其格局也绝对不会一样，应该说：因为不同的格局才会产生不同的动线。

现在我以图8-8为例，重新思考了同样面积，但格局完全不同的规划，如图8-10所示。

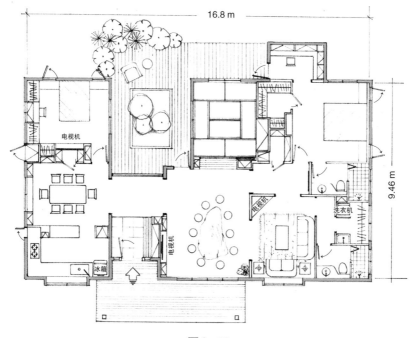

图8-10

1. 除了格局不同，为了更节省空间，舍弃传统的钢筋混凝土结构，改用木造框组壁构法[1]施工，所以你看不到梁柱，且完全无凸出物。

2. 多了一个气派的玄关。

3. 厨房也多了早餐台。

4. 餐厅多了两个储物柜。

5. 其他各处的收纳也增加不少。

6. 多了一个非常棒的中庭，使建筑物外观变得更大，由原本建筑物东西墙之间的宽度15.1 m变成宽度16.8 m，但总面积并未增加，且富变化，不至于像火柴盒造型一样呆板。

7. 最重要的是本设计为完全可绕回起点的动线，让屋内更显宽阔。

---

1 木造框组壁构法属于一种无梁柱的施工方法。

现在来看看可绕回起点的动线是何状态。

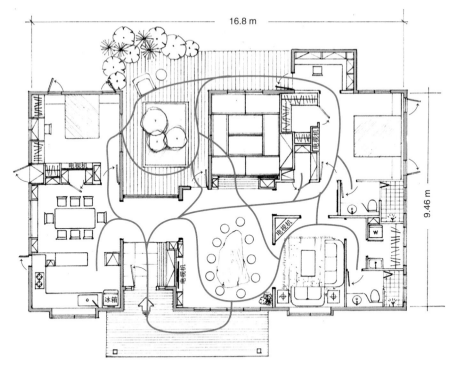

图8-11

1. 图8-11与图8-9的动线完全不同，它就像迷宫一样曲折环绕，却又有别于迷宫的路径，不是封闭、沉闷的走道，这种可绕回起点的动线其路径是完全融入各空间，呈开放、无固定形态的动线，在本例中绝对找不到走廊。

2. 无论以何处作为起点，最终都能以不同的路径洄游至起点。

3. 在游走环绕中，由于处处惊奇，将带来各种乐趣。

4. 可绕回起点的动线让本例的内部空间显得更为宽阔。

5. 看似冗长的路径，但从一个空间到下一个空间却反而都是捷径。

让我再说得更清楚一些：

从第218页的设计图可以发现，如果将餐厅当作起点，前往泡茶桌会经由餐厅、客厅这条动线，当要再回到餐厅，也只能走回头路从客厅返回。但在本页的房子中，一样以餐厅作为起点，前往泡茶桌，可通过玄关前往，当要回到餐厅时，除原路返回外，还可经由和室从中庭返回，也可从泡茶桌的落地门出去，再从屋前的回廊回到餐厅。你发现其中的巧妙了吗？当动线不被局限时，居住者在其中活动就可穿梭于各空间之中，通过内外交错以及各空间串联的设计，让整个动线更活泼，居住更有变化，从而产生更多乐趣，这就是洄游让房子变得更宽大的秘密。

另外，为何可绕回起点的动线能带来更宽阔的内部空间呢？请顺着黄色箭头看就明白了（图8-12）。

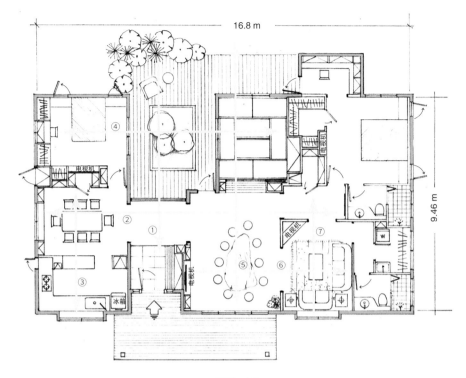

图8-12

图8-12中每一个空间是既分隔却又相连穿透，让视觉得以延续至很远，自然有宽阔感！

①一进门看到玄关，再穿过固定玻璃窗可看到中庭的露台及花草等。

②从餐厅也可以直通至主卧房的卫生间外的隔间墙上的一幅端景画。

③厨房的早餐台采用开放式，所以餐厅与厨房在视觉上相通。

④客房也可以和中庭及和室连成一气。

⑤从桧木泡茶桌更可让视觉穿过和室到达后院。

⑥泡茶区也与客厅相通。

⑦客厅因为有两个出入口，所以视觉也更开阔。

例（二）：这是一幢二层农舍，本例为第一层，面积约为218 m²（图8-13）。

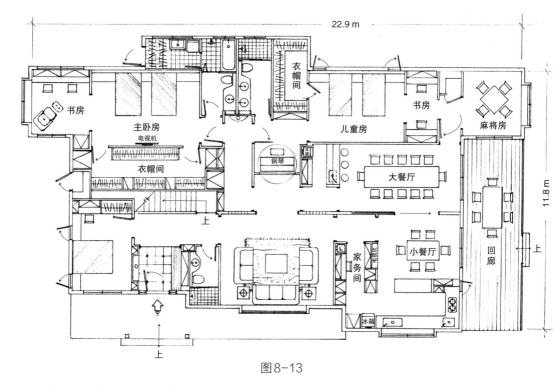

图8-13

这是一个极好的设计，有许多优点：

1. 在左右总长达22.9 m的房子里，几乎看不到单纯的走廊。

2. 非常复杂的隔间墙设计，但每一个空间却呈现极为方正的格局且没有凸出物。

3. 收纳空间分布各区，使用方便。

4. 经由小餐厅的落地门可以去外面的回廊，这种从屋内走到屋外露台的设计有扩大、延伸内部空间的效果，它能容纳更多的访客，而内外的人员又可互相呼应对话。

5. 大餐厅同时也是会议厅，附设了一个吧台，泡咖啡、茶水供应等皆可就近操作，不必再跑到厨房。

6. 厨房连接着家务间也极为方便。

7. 房子的正中央摆着钢琴，它是在小孩房的范围内，平时两个小孩就在此练钢琴，偶有朋友来访需要使用钢琴时，可利用钢琴下的圆盘转台转出，面向客厅使用。之所以这么设计，只是不想将钢琴摆在客厅，毕竟钢琴已不像四五十年前那么值得炫耀了。

8. 两个超大衣帽间，不用担心衣服过多没处可悬挂。

9. 主卧及小孩房各有书房，另外还有一间麻将房。

10. 其他细节请自行研究，不再赘述。

刚才的例子其动线如下（图8-14）。

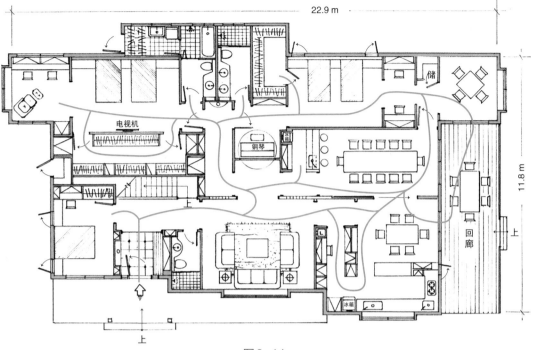

图8-14

而视觉延伸效果就如图8-15中黄色箭头所示。

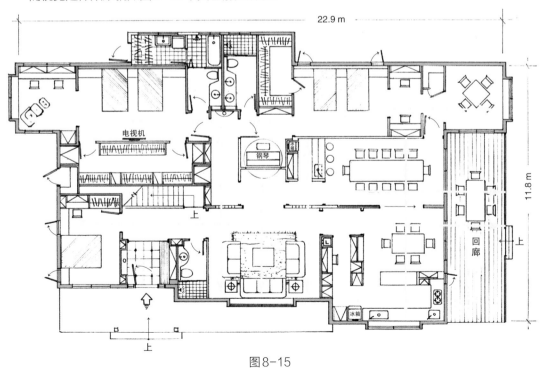

图8-15

前面两例都属于面积较大的房子，那么面积较小的住宅也能有绕回起点的动线吗？当然可以！

例（三）：这是面积为115 m²的两层小楼，其中一楼的平面图（图8-16）。

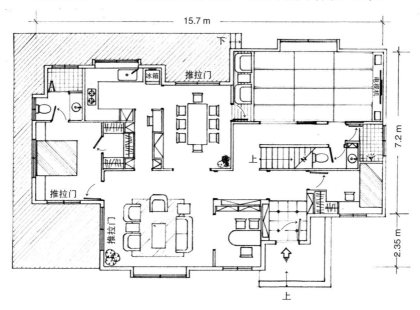

图8-16

其动线如下（图8-17）。

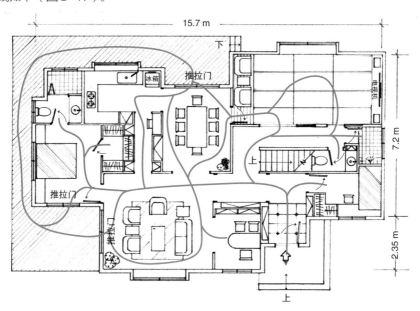

图8-17

图8-18中黄色箭头则为视觉延伸效果。

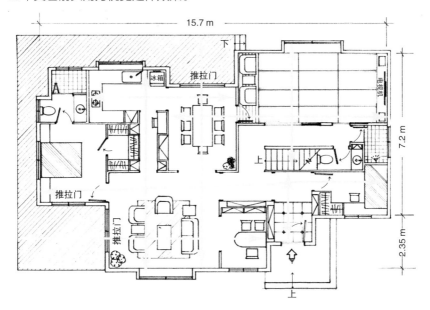

图8-18

再举一个住宅面积更小的例子。

例（四）：面积为89 m²的两层小楼，一楼平面图如图8-19所示。

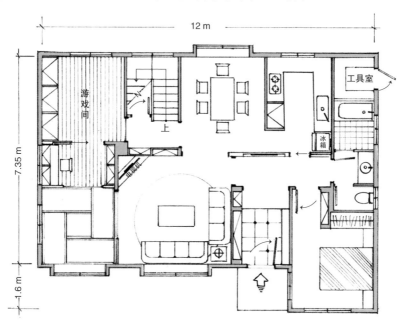

图8-19

虽然只有89 m²，仍然能做到可绕回起点的动线（图8-20）。

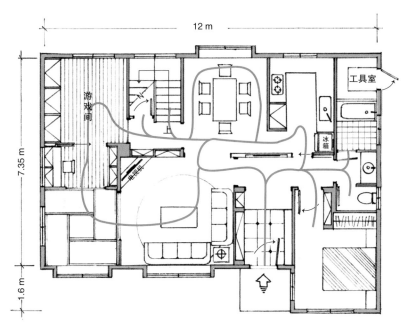

图8-20

视觉延伸则如图8-21所示。

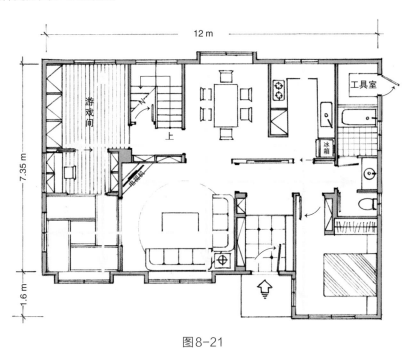

图8-21

像这类能够洄游的动线规划你也可以在本书中看到许多案例，例如下列图8-22~图8-24，其洄游动线虽不如前几例规模那么大，但即使是局部的洄游都能产生空间放大的效果。

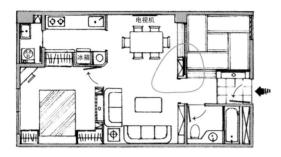

图8-22

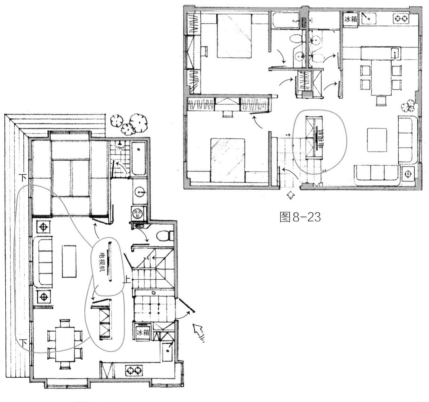

图8-23

图8-24

最后，我要郑重地重复一遍：能绕回起点的动线才是最好的动线。

最好的动线，代表的就是最好的格局。

而最好的格局，才是最好的设计。

但是要做到能绕回起点的动线，难度其实相当高，若你一时之间做不到也没关系，只要存有这样的思维并熟读本书，在不久的将来自然会豁然开朗并且有所突破。

祝您成功！

结语

本书终于全部读完了，真是辛苦您了。

不知您是否发现一个现象：

本书从头到尾，完全没有谈论到用料、材质及颜色运用。

为什么呢？

因为本书主要内容完全专注在平面布局，也就是前言所说的架构。

只要架构完美，无论选择什么材质都不会影响其理想性、方便性与舒适性。可以说材质或材料都只是属于表面处理，而内容则是架构。就好比"九头身"的标准模特儿，身上穿的即便不是高级材料的服装，亦不减其俊美。

材料越好价钱就越贵，使用较贵的材料绝不会就让空间变得理想，您只要根据预算选择自己力所能及的材料即可。

经完美整形后的漂亮脸蛋，已经是美人胚子，无论涂抹任何品牌的化妆品，相信都会令人满意。因此，只要设计出好的架构，接下来就依自己喜欢的色彩去规划您的房子吧。用料、材质及颜色这些部分，没在本书详述也是希望留一些让您可以自主发挥的空间。

每一个人都希望把自己的家打理得美美的，但是：

要美化，必须要整齐、清洁！

要整齐、清洁，必须要好整理！

要好整理，就必须要有足够的收纳空间！

要有足够的收纳空间，则必须要有好的规划！

而好的规划，必须是：

1. 没有浪费的空间。

2. 要有往上发展的纵向思考。

3. 不怕隔的横向思维。

4. 以实用为出发点的思考模式。

5. 无凸出、无障碍的设计。

6. 良好的动线。

7. 精密复杂的设计，却是简单的呈现。

8. 创造窗明几净的居室环境。

如此，才能创造出一幢完美的居所！

后记

　　从事建筑及室内设计工作超过30年，看过无数设计不理想的房子。不是大而无用就是拥挤杂乱。更糟的是错误的设计，导致非敲掉重做不可，面对此情景心里只有叹息。一面揣测设计者的初衷，一面不免遗憾：为何要浪费那么多时间与金钱，才能换得一间完美的居所，难道不能在一开始就做对的事吗？内心反复思考，要如何才能改变现状，让我们的室内设计更向前迈进一步？于是起心动念写了本书。

　　从构思、提笔、整理资料到完稿，花了将近3年的时间。内文涵盖数百张手绘平面图，都是希望将这几十年来的经验积累，汇整成一套"放诸四海而皆准"的方法，供读者参考运用。

　　平日向业主或学生解说平面图时，均以口头方式讲解，一直未见困难，如今转换成文字解说，还真是一件棘手的事。加上解析图表，本就枯燥难懂，如何表达更是伤透脑筋。

　　最后，决定以较口语及条分缕析的方式陈述，也许赘言较多，但总是我的肺腑之言。

　　业界前辈、后进卧虎藏龙，相信有许多更好的高见。仅希望能借此平台相互切磋，并期望能对有志从事相关工作者或普通业主有所助益，这将是对我最大的安慰。

林宏达

2021年春

林宏达

· 1951年　生于中国台湾宜兰县
· 1979年　成立首帆设计公司
· 1983—1985年　赴日研修建筑设计与施工
· 1988年　设计处女作 ————————

· 1997年　成立丸林住宅设计所迄今 ————————
· 2002—2006年　任宜兰社区大学室内设计课讲师

· 建筑设计作品案例